W0109878

Mein Wald

Peter Wohlleben

Peter Wohlleben

Mein Wald

nachhaltig
sanft
wirtschaftlich

Ulmer

Inhalt

Vorwort

Ökologische Waldwirtschaft ist im Grunde genommen recht simpel. Es gibt nur wenige Regeln, die man beachten sollte, und deren wichtigste lautet: Immer schön an der Natur orientieren. Der ganze theoretische Überbau der Forstwissenschaften ist so überflüssig wie ein Kropf. Gewiss, es gibt einige interessante Fakten, die es zu studieren lohnt. Doch wenn man weiß, dass die Fachleute sich ganz überwiegend mit der Plantagenwirtschaft beschäftigen, also einer Waldform, die naturferner nicht sein kann, so wird klar, dass die aktuelle Lehre in vielen Fällen nicht weiterhilft.

Ein bekannter, ökologisch wirtschaftender Privatwaldbesitzer aus Bayern erzählte einmal folgende Anekdote: Sein Vater bat ihn zu sich, um über die Zukunft des familieneigenen Forstbetriebes zu sprechen. Der älteste Sohn sollte einmal die Geschäfte übernehmen, doch zuvor war eine handfeste Ermahnung angesagt: „Du, hör mal, Junge" sprach der Vater ernst, „wenn du Forstwirtschaft studierst, enterbe ich dich".

Auf vielen Exkursionen habe ich immer wieder gut geführte Betriebe kennengelernt, deren Wälder im Einklang mit der Umwelt bearbeitet wurden. In aller Regel warfen diese überdurchschnittlich hohe Erträge ab. Und noch eines fiel auf: Oft waren die Besitzer Autodidakten, hatten die Geheimnisse einer guten Waldbehandlung der Natur abgelauscht. Von solchen Leuten habe ich besonders gerne gelernt, denn auch ich musste noch einmal von vorne anfangen. Studiert habe ich an einer herkömmlichen Fachhochschule für Forstwirtschaft, und abgesehen von einigen Grundlagenkenntnissen kann ich von diesem Wissen kaum noch etwas für den von mir geleiteten Ökobetrieb verwenden. Was die alten Recken in den besuchten Wäldern zu berichten wussten, ließ mir anfangs den Mund offenstehen. Oft waren es kleine Fingerzeige, die ich bei genauerem Hinsehen selber hätte bemerken können. Und immer passte das Gehörte ganz wunderbar und logisch ineinander, löste die Widersprüche auf, die mein Studienwissen in mir erzeugte.

Ich möchte Sie mit diesem Ratgeber ermutigen, sich selber zu vertrauen, möchte Sie anleiten, Ihren Wald mit gutem Gefühl und gutem Gewissen zu pflegen und zu nutzen. Wenn dabei dann noch die Kasse klingelt – umso besser!

Im Sommer 2013

Peter Wohlleben

Ein Mißverständnis

Zuerst möchte ich mit einem weitverbreiteten Missverständnis aufräumen: Forstwirtschaft ist kein Naturschutz. Der Wald hat es seit Jahrmillionen bestens verstanden, sich selbst zu erhalten.

Die pflegende Hand des Försters oder Waldbesitzers ist dazu nicht erforderlich. Zwar gaukeln uns die Meldungen von Forst- und Holzwirtschaft vor, der Wald sei ein schwächelnder Patient, der nur durch die Bewirtschaftung, durch Pflanzung, Pflege und Ernte, gesunden könne, aber das ist ausgemachter Blödsinn. Wer pflegt den tropischen Regenwald, wer die endlosen Weiten der sibirischen Taiga? Seit Hunderten Millionen von Jahren macht die Natur dies allerbestens ganz alleine, und wir können ihr dabei nur staunend zusehen. Selbst wenn wir wollten, könnten wir keine Verbesserungen erzielen, denn den Wald als ungeheuer komplexes Ökosystem hat die Wissenschaft noch nicht einmal ansatzweise verstanden. Wald durch Bewirtschaftung zu unterstützen wäre in etwa so, als wollten Sie als Laie ein komplexes mechanisches Uhrwerk durch den Ausbau einiger Zahnräder präziser machen.

Wir sollten also ehrlich sein und die Baumentnahme als einen störenden Eingriff betrachten. Unsere Zielsetzung bei der Bewirtschaftung ist ja auch eine ganz andere als die der Natur. Wo sie Bäume alt werden lassen will, möchten wir Holz ernten, zwar so schonend wie möglich, aber dennoch ernten, was in letzter Konsequenz den Tod des jeweiligen Baumes zur Folge hat. Das empfinde ich so lange als legitim, wie die Waldpflege auf dem Weg zur Ernte rücksichtsvoll geschieht. Vielleicht hilft hier der Vergleich mit der artgerechten Tierhaltung: Wenn Buchen, Eichen oder Fichten so leben dürfen, wie es ihrer Biologie entspricht, wenn wir nur eingreifen, wenn es wirklich zwingend erforderlich ist, dann kommen Wald und Waldbesitzer zu ihrem Recht.

Um den Sinn von Bewirtschaftungsmaßnahmen zu beurteilen, gibt es einen einfachen Merksatz: Je naturferner die Betriebsweise, desto geringer fällt der Gewinn aus. Dieses Prinzip wird uns in den folgenden Kapiteln immer wieder begegnen.

Der Wald bleibt auch ohne Forstwirtschaft erhalten.

Je naturferner die Betriebsweise, desto geringer fällt der Gewinn aus.

Vom Wald zum Forst

Die Wälder in Mitteleuropa sind keine Urwälder mehr – was Sie als Wald erleben, sind Kulturprodukte, die mal mehr, mal weniger naturnah sind. Um 1900 waren die meisten Bäume gefällt, ihr Holz verbaut oder verheizt. Viele Berge erhoben sich als kahle Höhenzüge, bewachsen mit Heidekraut oder Wacholder. Der Boden, einst geschützt durch das grüne Kleid von Buchen und Eichen, schmolz mit jedem Regenschauer dahin und wurde in die Flüsse gespült. Die Fruchtbarkeit ging dahin, und mit ihr verarmte die Bevölkerung und litt Hunger.

Doch dann setzte eine beispiellose Erholung ein. Die Zunahme der Waldfläche wurde offiziell durch staatliche Aufforstungsprogramme ausgelöst, um die Holzknappheit zu lindern. Das wäre aber kaum gelungen, wenn der Verbrauch weiterhin angewachsen wäre. Der wahre Helfer der Wiederbewaldung war ein Stoff, der heute ökologisch in der Schmuddelecke steht: die Kohle. Sie

war billig abzubauen, stand in scheinbar unendlicher Menge zur Verfügung und schlug Holz preislich um Längen. Die aufblühende Industrie siedelte sich in der Nähe der Bergwerke an und befeuerte ihre Hochöfen mit dem fossilen Brennstoff. Selbst die häuslichen Öfen der Bevölkerung wurden zunehmend mit dem schwarzen Stoff beheizt. Holz wurde zwar immer noch gebraucht, aber zunehmend für höherwertige Verwendungszwecke, wie den Haus- und Möbelbau.

Gleichzeitig wurde die Landwirtschaft durch die Einführung des Kunstdüngers revolutioniert. Die Erträge stiegen drastisch, der Flächenbedarf sank entsprechend. Die Plünderung der Wälder konnte nun ohne größere Widersprüche seitens der Bevölkerung verboten werden. Weidete früher das Vieh zwischen den Bäumen, rechten die Bauern das Laub heraus, um es als Streu im Stall zu verwenden, so konnte sich die Natur nun wieder erholen.

Und der Trend hielt lange an. Durch Erdölprodukte konnten Kunststoffe hergestellt werden, die Holzerzeugnissen lange den Rang abliefen. Plastik galt als modern und universell einsetzbar. Erst in den letzten zwanzig Jahren setzt allmählich ein Umdenken ein.

Der nachlassende Druck auf den Wald spiegelt sich auch in den Holzpreisen – sie verfielen. Am deutlichsten wird dies in der Relation des Holzpreises zu den Lohnkosten. Konnte von dem durchschnittlichen Holzerlös für einen Kubikmeter Holz um 1950 ein Waldarbeiter eine ganze Woche lang bezahlt werden, so sind es heute nur noch zwei Stunden. Das führte zu starken Rationalisierungswellen in der Forstbranche. Facharbeiter wurden und werden zunehmend durch Harvester (Vollerntemaschinen) ersetzt – ein Gerät schafft das Pensum von zwölf Personen. Auch die Förster müssen mehr und mehr Wald betreuen. Waren es vor Jahrzehnten noch rund 500 Hektar, die sich zu Fuß und mit dem Fahrrad

Holznutzung: Legitim, aber kein Naturschutz.

Heidelandschaft: Vorindustrielle Endstation für
den ehemaligen Urwald.

kontrollieren ließen, so ist es heute die vierfache Fläche. Im Durchschnitt sitzen meine Kollegen und ich täglich rund eine Stunde im Pkw und fahren von einem Revierende zum anderen.

Mittlerweile kehrt sich der Trend, der durch das billige Holz befeuert wurde, um. In Zeiten stillgelegter Atomkraftwerke und der steigenden Produktion von Bioenergie, mit neuen Methoden, die aus Holz die erstaunlichsten Kunststoffe werden lassen, steigt die Nachfrage nach diesem Naturprodukt wieder an. Alle Waldbesitzer atmen auf, und nun wäre es eigentlich an der Zeit, ein bisschen mehr Sorgfalt walten zu lassen. Wer viel verdient, kann sich schließlich ein wenig Rücksichtnahme auf die Natur leisten. Leider ist genau das Gegenteil zu beobachten. Als könnten alle Akteure den Hals nicht voll bekommen, als

gelte es, die Verluste der vergangenen Jahrzehnte so rasch als möglich auszubügeln, wird der Wald regelrecht ausgequetscht. Brutale, aber billige Fällmethoden, rücksichtslose Ausbeutung des größten Teils der Biomasse, Chemie- und Gifteinsätze, zunehmende Kahlschläge: für den Wald geht die Reise in Bezug auf die Folgen leider wieder zurück in die Vergangenheit. Selbst wenn in der Nähe der Städte ein wenig heile Welt gespielt wird, um die Bürger nicht zu sehr zu verprellen, geht es fernab der Ballungsräume umso härter zur Sache. Nur in den bunten Prospekten der Forstverwaltungen geht es immer weiter Richtung ökologische Forstwirtschaft – das ist jedoch nicht mehr als ein grüner Papiertiger.

Totes Holz bleibt kaum noch im Wald, da momentan sämtliche Biomasse verkauft werden kann.

Der Weg ist nicht das Ziel

Wälder werden bewirtschaftet, um Erträge in Form von Holz und Geld abzuwerfen. Auch wenn Sie dabei die Belange der Natur berücksichtigen, etwa in Bezug auf die Baumartenwahl, so haben Sie doch ganz andere Dinge im Auge. Während die Natur alle Zeit der Welt hat, hängt die Rendite Ihrer Parzelle auch von der Geschwindigkeit ab, mit der Sie verkaufsfähiges Holz erzeugen. Wo wilde Bäume krumm oder drehwüchsig wachsen, liegt Ihr Augenmerk auf langen, geraden und glatten Stämmen, die zudem möglichst dick werden sollen – Garant für höchste Preise.

Diese zwei Aspekte muss man immer sauber trennen: dienen Maßnahmen dem Umweltschutz oder sollen sie die Leistungsfähigkeit des Forstbetriebes verbessern? Im letzten Fall gilt: für jeden Euro, den Sie hineinstecken, muss mindestens dieser Euro plus Zinsen wieder herauszuholen sein. Das ist für jede Betriebsarbeit flott durchkalkuliert, und sollte das Ergebnis nicht überzeugen, so unterlassen Sie diese Eingriffe.

Pflanzungen oder Durchforstungen ohne ein klares Ziel, wie der Bestand eines Tages einmal aussehen soll, gleichen einer Baustelle, auf der die Maurer ohne Architekten und Pläne mauern. Heraus wird irgendein Haus kommen; ob es funktionell ist oder Freude bereitet, darf bezweifelt werden.

Möchten Sie mit der Bewirtschaftung starten, so sollten Sie sich also zuerst ein Ziel setzen. Hier ein paar Beispiele:

Steht der Naturschutz im Vordergrund? Dann ist alles ganz einfach, denn Sie können den Wald sich selbst überlassen – vorausgesetzt, er besteht aus heimischen Laubbäumen. Fichten- oder Kiefernwälder können Sie über die Jahrzehnte hinweg in Laubwälder überführen (wie, das steht in den folgenden Kapiteln).

Liegt der Schwerpunkt auf der Brennholznutzung? Und wenn ja, welche Baumart würden Sie bevorzugt verfeuern? Diese sollten Sie fördern und dabei auf maximalen Holzzuwachs setzen. Oder soll die Parzelle die höchstmögliche Rendite abwerfen? Dann sind seltenere Hölzer gefragt, etwa Elsbeeren, Esskastanien oder Kirschen, und das in allerbester Qualität.

Ist die Marschrichtung festgelegt, kann die Umsetzung geplant werden. Und die fängt ganz unten an, beim Boden.

Lediglich die oberen Zentimeter eines Bodens lockern sich durch Frosthebung im Winter wieder auf.

Zertreten und überrollt

Der Wandel vom Urwald zur landwirtschaftlichen Fläche und wieder zurück zum Wald hat im Untergrund erhebliche Spuren hinterlassen. Denn der Boden hat ein Gedächtnis, welches das von Elefanten um Längen übertrifft. Und das liegt an seiner Empfindlichkeit.

Von Natur aus sind die meisten Waldböden wie Schwämme aufgebaut. Ein feines Netz von Kanälchen und Poren durchzieht die Erde und sorgt für eine Belüftung der tieferen Schichten. Dadurch können auch noch metertief Tiere, Pilze und Bakterien arbeiten, können Laub und Totholz zu Humus formen und die Nährstoffe dermaßen recycelt den Wurzeln wieder zur Verfügung stellen. Zudem erlaubt dieses Kanalsystem auch heftigen Regengüssen, innerhalb von Minuten in den Boden einzuziehen und an Ort und Stelle gespeichert zu werden.

Jede menschliche Aktivität führt zu Veränderungen an diesem fragilen Gebilde. Ich habe während meines Studiums Böden gesehen, bei denen eine Schafbeweidung, die bereits 300 Jahre zurücklag, noch zu sehen war. Auch in meinem Revier in Hümmel gibt es uralte Spuren. So etwa einen Karrenweg, auf dem wohl das Holz vor langer Zeit aus dem Wald gefahren wurde, damals noch per Pferd oder Kuhgespann. Die eisenbeschlagenen Reifen haben den Boden so verdichtet, dass er bis zum heutigen Tag beinhart geblieben ist. Selbst Fahrspuren aus der Römerzeit haben sich nicht mehr regeneriert; das Erdreich unter ihnen ist immer noch gestört.

Was passiert durch Viehtritt, durch Befahrung mit Viehwagen oder gar Traktoren? Der Boden mit seinen fragilen Poren drückt sich wie ein Schwamm zusammen, richtet sich aber anschließend nicht mehr auf. Nie wieder. Können Sie sich vorstellen, welche Schäden dann moderne Holzerntefahrzeuge anrichten, die bis zu 50 Tonnen wiegen? Bei diesen Maschinen kommt noch eine Vibrationswirkung hinzu, ähnlich einer Rüttelwalze, die weitere Bodensetzungen bis in zwei Meter Tiefe bewirkt. Die Reifen können noch so breit, die Fahrspur noch so unauffällig sein, im Untergrund sind die Schäden dennoch vorhanden. Und das hat Folgen.

Zunächst brechen die Kanälchen zusammen, und wie bei einem Taucher, dem man den Luftschlauch kappt, ersticken die Bodenlebewesen schlagartig. Das bunte unterirdische Treiben des Urwaldes bricht zusammen, ein wichtiger Teil des Recylingprozesses funktioniert nicht mehr. Durch den Sauerstoffmangel setzen sich nun andere Bakterienarten durch, die anaerob arbeiten können. Sie sind bedeutend langsamer als ihre luftliebenden Genossen und setzen beim Verarbeiten von Humus anstelle von CO_2 Methan frei – und dieses Gas ist giftig für Wurzeln und nebenbei 30 Mal so schädlich für das Klima.

Auch die Wasserspeicherfähigkeit des Erdreichs reduziert sich um bis zu 95 Prozent. Niederschläge fließen nun oberirdisch in die nächsten Bäche ab und sind für die Bäume verloren. Trockene Sommer entfalten bei so gestörten Böden für die Wälder eine besonders heftige Wirkung, weil die Feuchtigkeit des letzten Regens für maximal zwei Wochen reicht. Danach ist für die Bäume Durst angesagt.

Der Boden hat ein Gedächtnis, welches das von Elefanten um Längen übertrifft.

In den Bereich Bodenstörung fällt auch der Mythos von flach wurzelnden, sturmanfälligen Baumarten, wie etwa der Fichte. Sie braucht wie viele andere Sauerstoff, um ihre empfindlichen Organe am Leben zu erhalten. Wo diese nicht atmen können, verfaulen sie. Geschädigte Böden können sich nur in den oberen 20 Zentimetern regenerieren, weil sich hier durch Frosteinwirkung und einige Tiere, wie etwa Wühlmäuse, eine gewisse Auflockerung und damit Durchlüftung einstellt. Darunter bleibt es nach heutigen Erkenntnissen wohl für Jahrtausende luftleer. Und genau so tief können auch Fichten wurzeln, nach 20 Zentimetern ist dann Feierabend. Kein Wunder, dass ihr Wurzelteller ganz flach wirkt, wie mit dem Messer abgeschnitten, wie man es bei umgestürzten Bäumen beobachten kann.

Bei intakten Böden erreicht sogar die Fichte problemlos ein bis zwei Meter Tiefe, und das muss auch so sein. Denn wenn sich Bäume grundsätzlich nicht richtig verankern könnten, so hätte sie die Evolution schon längst aussortiert. Auch andere Arten, wie etwa die Buche, entwickeln unter solchen Bedingungen flache Wurzelteller und fallen dann den Winterstürmen zum Opfer.

Der Wurzelteller einer gestürzten Fichte. Er wirkt wie mit dem Messer abgeschnitten, eine Folge des in geringer Tiefe gestörten Bodens

Durst – Bäume sind Säufer!

Bäume sind regelrechte Säufer. Sie brauchen enorm viel Wasser. So können an einem heißen Sommertag über vierhundert Liter Wasser durch den Stamm und die Blätter rauschen. Das entzieht dem Boden mehr Feuchtigkeit, als der Regen in der warmen Jahreszeit wieder zurückbringen kann. Normalerweise müssten Bäume im Sommer also vertrocknen. Dass dies nicht passiert, hat mehrere Gründe. Bäume können ihren Wasserhaushalt sehr gut regulieren. Wird das kostbare Nass knapp, so können sie den Verbrauch drosseln – etwa indem sie die Spaltöffnungen an den Blättern und Nadeln schließen, sodass kaum noch etwas hinausdampfen kann. Nachteil dieses Sparprogramms ist, dass damit auch die Fotosynthese abgewürgt wird. Bei großer Trockenheit stellen die Bäume ihr Wachstum praktisch ein, eine Tatsache, die sich später beim geernteten Holz auch aus einem dünneren Jahresring ablesen lässt.

So eine Strategie ist im Pflanzenreich keineswegs selbstverständlich. Sie brauchen nur in Ihr Gemüsebeet oder auf Ihren Rasen zu schauen: Bei länger anhaltendem Regenmangel verdorrt das Grün, sofern nicht gewässert wird. Grund zwei für das Überleben der Bäume ist die enorme Wasserspeicherfähigkeit des Bodens: Unter jedem Quadratmeter Erdreich eines Waldes sind bis zu 200 Liter Wasser wie in einem Schwamm festgehalten, die jederzeit wieder abgerufen werden können. Doch wie soll sich dieser Schwamm füllen, wenn doch ständig mehr benötigt als nachgefüllt wird? Des Rätsels Lösung ist das Winterhalbjahr, wenn die Bäume friedlich dem Frühling entgegenschlummern. Dann verbrauchen sie kein Wasser, keinen einzigen Liter. Und der ganze Niederschlag kann nun ungehindert jede Pore des Bodens nässen und füllt den Speicher bis oben hin wieder auf. Vielleicht hilft es Ihnen das nächste Mal, an diesen Mechanismus zu denken, wenn Sie an einem nassgrauen Wintertag leise das schlechte Wetter verfluchen. Für den Wald sind diese für uns unangenehmen Bedingungen Garant für ein sorgenfreies Wachstum.

Nasskaltes Winterwetter: Jetzt werden die Wasserspeicher des Waldes für den nächsten Sommer gefüllt.

Alte Fahrspuren, auf denen neue Bäume wachsen. Ihre Wurzeln sind wegen der Bodenverdichtung nur sehr flach.

Nun sind nicht alle Waldböden gestört, und wenn, dann nicht in Gänze völlig befahren. Ziel eines Waldbauern muss es sein, diesen Zustand nicht weiter zu verschlechtern. Und das kann erreicht werden, indem die Befahrung mit Maschinen auf Wege und sogenannte Rückegassen konzentriert wird. Doch dazu später mehr.

Wenn Sie einen Wald besitzen, der solchermaßen geschädigt ist, so ist noch nicht Hopfen und Malz verloren. Denn es gibt durchaus Bäume, die bei der Regeneration helfen können.

Bei intakten Böden erreicht sogar die Fichte problemlos ein bis zwei Meter Tiefe.

Zuerst sollte eine Analyse des Status Quo erfolgen. Ist Ihr Boden überhaupt geschädigt, und wenn ja, wie stark? Achten Sie zunächst auf alte Fahrspuren. Ziehen sie sich kreuz und quer durch den Bestand, so können Sie davon ausgehen, dass gleich zweierlei passiert ist: Zum einen ist der gesamte Boden geschädigt, zum anderen ist der Vorbestand wohl durch einen Kahlschlag geerntet worden.

Selbst die Ursache des Kahlschlages können Sie nachvollziehen: Sind merkwürdige Buckel und Löcher im Boden vorhanden? Dann hatte wohl ein Sturm die Bäume geworfen, denn die Hügelchen sind Reste der alten Wurzelteller, die beim Umstürzen Erdreich ausgehoben haben.

Festgehalten

Oft werden die Wurzeln mit unseren Füßen verglichen. Und in gewisser Weise stimmt das auch, denn die unterirdischen Ausläufer tragen schließlich das gesamte Gewicht eines stehenden Baumes. Das können bei einem ausgewachsenen Exemplar immerhin etliche Tonnen sein. Trotzdem greift dieser Vergleich zu kurz. Wenn auf uns eine schiebende Kraft einwirkt, so gehen wir einfach einen Schritt zurück. Ein Baum kann dies naturgemäß nicht, und das hat Folgen. Stürmt es, so zerren Windkräfte bis zu 100 Tonnen am Stamm. Damit er nicht fällt, müssen die Bodenanker felsenfest halten. Letztendlich sind Wurzeln eine Mischung aus Füßen und Abspannleinen, die ähnlich wie beim Hauptpfosten in einem Zirkuszelt den Stamm lotrecht halten.

Hügel und Löcher sind Hinweis auf Sturmwürfe im Vorbestand.

Oben feinkrümelige, intakte Erde, darunter verdichteter, kompakter und durch Sauerstoffmangel verfärbter Boden.

Weitere Hinweise kann eine Bodenaufgrabung bieten. Ist die Erde feinkrümelig und locker? Bewegt sich die Farbe je nach Bodentyp im hell- bis dunkelbraunen Bereich? Dann sieht es schon einmal gut aus. Nehmen Sie eine Probe in die Hand: Die Krümel sollten rundlich sein und nicht zusammenkleben (außer nach starkem Regen).

Geschädigter Boden weist Sauerstoffmangel auf, und der führt zu einer Vergrauung. Diese graue Erde erinnert an Ton und ist zudem mit rostigen Flecken durchsetzt. Wenn Sie hiervon eine Probe in die Hand nehmen, ist von feinen Krümeln nichts zu sehen. Der Klumpen bleibt zusammen, und wenn Sie (im trockenen Zustand) etwas davon abbrechen, entstehen Polyeder, also vielkantige Gebilde, die eher an zerbrochene Steine erinnern.

Die letzte und vielleicht eleganteste Möglichkeit, Ihren Boden kennenzulernen, sind Zeigerpflanzen. Wie der Name schon sagt, weisen sie auf bestimmte Rahmenbedingungen hin. Ein Klassiker sind Binsen. Mit ihren lauchartigen Halmen signalisieren sie wechselfeuchte Standorte. Hier staut sich zeitweise Wasser, versumpft der Boden regelrecht, um dann in den heißen Wochen des Hochsommers auszutrocknen. Genau so verhalten sich Böden, über die schwerste Maschinen gerollt sind. Binsen können alte Fahrspuren identifizieren, und mit Hilfe solcher Pflanzen können Sie eine Karte der Bodenverhältnisse Ihrer Parzelle erstellen. Neben alten Rückegassen sehen Sie dann genau, wo es trocken oder feucht, nährstoffarm oder -reich ist.

Mit Hilfe von Pflanzen eine Karte der Bodenverhältnisse Ihrer Parzelle erstellen!

Die Qual der Wahl

Von Natur aus herrschte bei uns in Mitteleuropa auf fast 80 Prozent der Fläche Buchenurwald. Reich an Arten, arm an Baumarten, so
könnte man es zusammenfassen. Ausnahmen
bilden lediglich Flussauen, Sumpfgebiete oder
die Gebirgslagen, in denen auch andere Bäume
dominieren können, etwa Eichen, Eschen oder
auch einmal Fichten.

Ökologisch zu wirtschaften heißt demnach in
den meisten Fällen, dass die Buche sehr stark am
Waldaufbau beteiligt wird. Dennoch gibt es gute
Gründe, weitere Arten mit zu berücksichtigen.

Da wäre zum Einen die wirtschaftliche Risi-
kominimierung. Der Holzverkauf, der erzielbare
Preis pro Kubikmeter, ist immer stark von der
jeweiligen Mode abhängig. Einen guten Anhalts-
punkt erhalten Sie, wenn Sie in den Werbepros-
pekten der Möbelhäuser blättern. Mal ist es Erle,
mal Birke, mal Eiche und dann wieder Buche,
die bei den meisten Einrichtungsgegenständen
dominiert. Und im selben Maße, wie der Möbel-
verkauf läuft, steigen oder fallen auch die Einnahmen für die jeweilige Baumart. Haben Sie
als Waldbesitzer nur eine Baumart anzubieten,
so schauen Sie, wenn die Mode wechselt, in die
Röhre. Was nützen Ihnen die schönsten Buchenstämme, wenn gerade Eiche gefragt ist? Wachsen
in Ihrem Wald jedoch verschiedene Arten, so können Sie bei einer Buchenflaute diese einfach stehen lassen und statt dessen eben Eichen, Birken
oder Eschen einschlagen.

Ein weiterer Grund für Vielfalt sind unvorher-
sehbare Schadereignisse. Auch Bäume können
krank werden. Zwar gilt, dass eine Art innerhalb ihres natürlichen Verbreitungsgebietes sehr
widerstandsfähig ist, aber selbst dann kann es

Ursprünglicher Buchenwald – einst auf
rund 80 Prozent der Landfläche Deutsch-
lands verbreitet.

in seltenen Fällen einmal eine Krankheitswelle geben. Dumm nur, wenn diese Ausnahmewelle gerade über Ihr Waldgebiet rollt. Besteht dieses aus verschiedensten Bäumen, so gibt es nur kleine Lücken im Bestand, wenn etwa nur Eichen absterben, aber Buchen oder Kirschen stehen bleiben.

Baumarten können Sie nur wählen, wenn es die Möglichkeit einer Saat oder Pflanzung gibt, und dies ist in Lücken oder auf Freiflächen der Fall.

Aber auch hier gilt der Grundsatz, dass nur ein Wirtschaften mit der Natur Kosten reduziert oder Gewinne erhöht. Die meisten Wälder in Deutschland sind künstlichen Ursprungs, wurden also vom Menschen angelegt.

Kiefernplantage in Brandenburg – naturferner geht's nicht mehr.

Und das bedeutet zwangsläufig den Start auf einer Kahlfläche, einer Wiese oder einem Acker. Naturferner, weiter weg vom Wald, geht es nicht mehr. Wenn wir möglichst nah an der Natur arbeiten wollen, dann können wir sie einfach selber machen lassen. Irgendwann wird, so der Mensch seine Finger aus dem Spiel lässt, jede Parzelle wieder von Bäumen erobert. Die Frage ist nur, von welchen Bäumen und in welchen Zeiträumen. Diesen Prozess nennt man natürliche Sukzession, und sie führt meist von einem Weiden-Aspen-Birken-Wald zu einem Buchenbestand. Das Ganze dauert bis zu seinem Abschluss etwa 500 Jahre. Das klingt lange? Für Bäume ist es nur eine Generation, für den Wirtschafter eine zeitliche Zumutung. Daher kürzt man das Ganze ab, indem möglichst gleich die Baumart gewählt wird, die späteren Generationen das gewünschte Holz liefern soll.

Zuerst sollten Sie schauen, welche Wälder von Natur aus an Ihrem Standort vorherrschen würden. Daran sollte sich die Hauptbaumart orientieren, und das wird in vielen Fällen die Buche sein. Es lohnt sich, das Waldgrundstück genau anzuschauen:

- Gibt es besonders feuchte oder trockene Teilbereiche? Hier könnten Mischbaumarten einen Platz bekommen.
- Oder ist ein Waldrand zu einer Wiese hin mit dabei? Das wäre ein Refugium für Kirsche oder Vogelbeere, die es im tiefen Bestand schwer haben.

Am günstigsten ist es, wenn Sie eine kleine Skizze von den Bodenverhältnissen Ihres Grundstücks machen und danach planen, welche Art wo am besten wächst. Ganz ähnlich würde es der Wald ja auch selbst machen. Um Ihnen die Entscheidung zu erleichtern, folgen nun ein paar Steckbriefe der wichtigsten Bäume.

Zunächst möchte ich Ihnen aber gerne die Unterschiede zwischen Laub- und Nadelbäumen näher bringen. Nein, nicht die Optik, denn die liegt ja auf der Hand. Die Frage ist vielmehr, warum es die zwei verschiedenen Strategien Laubblätter / Nadeln überhaupt gibt.

Laubbäume

Mitteleuropa ist die Heimat der sommergrünen Laubbäume. Sie haben sich hier in den letzten Jahrtausenden durchgesetzt und bilden, solange der Mensch nicht dazwischen funkt, Urwälder. Das Besondere an unseren Arten sind nicht nur die Blätter, sondern die Tatsache, dass sie diese jeden Herbst abwerfen, nur um sie im Frühjahr wieder mühsam neu zu bilden. Das kostet die Bäume enorm viel Kraft. Im Oktober müssen erst die wichtigsten Reservestoffe aus den Sonnensegeln abgepumpt werden, um sie in der Rinde einzulagern. Dadurch verfärbt sich das Laub, denn unter der grünen Farbe tauchen Carotinoide auf. Manche Arten, wie Esche oder Erle, werfen grün ab, sind also sehr verschwenderisch. Das können sie sich nur leisten, weil sie auf gut mit Nährstoffen versorgten Böden wachsen.

Im Frühjahr geht es den umgekehrten Weg. Zunächst müssen die Knospen regelrecht aufgeblasen werden. Wie bei einer Schmetterlingspuppe liegen hier die Blätter zusammengefaltet und warten auf ihren Einsatz. Dazu schwillt der Wasserdruck im Stamm stark an. Manchmal rauscht es so ungestüm in das Holz, dass Sie es mit einem angelegten Stethoskop sogar hören können. Die Knospen entfalten sich, die Blätter werden entrollt und wachsen innerhalb weniger Tage zur endgültigen Größe heran.

Jetzt sind sie besonders empfindlich und können bei Nachtfrösten ab minus fünf Grad erfrieren. Dann muss der Baum noch einmal nachlegen, kann aber dafür in dem betreffenden Jahr nicht mehr viel wachsen.

Warum betreiben Laubbäume einen solchen Aufwand? Dass es viel einfacher geht, beweisen die Nadelbäume. Sie lassen einfach die grüne Pracht an den Zweigen und können im Frühjahr ohne großen Aufwand gleich durchstarten. Oft ist zu hören, dass es am Frost liege. Buchen, Eichen und Co. würden erfrieren, verlören sie nicht ihre Blätter. Aber wäre es nicht weniger Aufwand, einfach Frostschutzmittel einzulagern und sich die restliche Aktion zu sparen?

Aber in der Natur geschieht nichts ohne Sinn, wird jede sinnlose Energieverschwendung sofort

Sich entfaltende Knospe an einer Buche.

durch die Konkurrenz bestraft. Der herbstliche Blattfall hat tatsächlich einen wichtigen Hintergrund: Der immer wiederkehrende Kraftakt der Neubildung aller Sonnensegel ist den Winterstürmen geschuldet, vor denen sich die Bäume durch die Reduzierung der Angriffsfläche schützen. Steht nur der kahle Baum im Wind, kann nicht mehr viel passieren. Nadelbäume hingegen bleiben (bis auf die Lärchen) schön grün und fallen regelmäßig in großen Stückzahlen bei Orkanböen um. Warum gibt es sie dann überhaupt noch? Die Antwort liegt in ihrer Heimat, wie wir gleich sehen werden.

Warum betreiben Laubbäume einen solchen Aufwand?

Natürliche Fichtenwälder in der Taiga –
hier ist es kalt und feucht, hier fühlen sie
sich wohl.

Nadelbäume

Fichten und Kiefern stehen bei uns oft in den
Schlagzeilen. Die Stürme Wiebke, Lothar, Kyrill
oder Xynthia haben den mitteleuropäischen Wäldern schwer zugesetzt. Und immer sind es die
Nadelbäume, die zu Millionen umfallen.

Ein Faktor ist ihre Größe. Statistisch gesehen
wird es ab 25 Meter Höhe ungemütlich. Dann ist
die Hebelwirkung auf die Stämme bei starken
Windböen so ungünstig, dass die Bäume den Halt
verlieren, falls sie nicht fest verwurzelt sind.

Im Kapitel „Zertreten und überrollt" hatten wir
schon über die Ursache der deformierten Wurzelbildung gesprochen. Sie ist auf verdichtetes Erdreich zurückzuführen, welches vor allem auf ehe-

mals landwirtschaftlichen Flächen vorzufinden
ist. Und da diese größtenteils mit Fichten und Kiefern aufgeforstet wurden, betrifft die Verkrüppelung schwerpunktmäßig diese beiden Baumarten.

Der zweite Faktor sind die Nadeln. Im Gegensatz zu Laubbäumen bleiben diese auch den Winter über am Baum. Und damit bleibt auch die
volle Windangriffsfläche erhalten. Flache Wurzeln,
volle Krone und eine gewisse Stammhöhe bilden
dann einen Dreiklang, der die meisten Nadelwälder irgendwann ins Verderben führt.

Dabei ist die Nadelfraktion sehr gut an ihre
natürlichen Lebensräume angepasst. Diese liegen
allerdings nicht in Mitteleuropa, sondern weit im

Norden, in der Taiga. Ob in Sibirien oder Skandinavien, in diesem Waldgürtel herrschen ganz andere Bedingungen als bei uns. Frühling, Sommer und Herbst dauern oft nur wenige Wochen. Wer hier erst Blätter austreiben muss, dann nur ein wenig Fotosynthese betreiben kann und schnell wieder alles abstoßen soll, um in den Winterschlaf abzutauchen, kann nicht wachsen. Wer hier etwas werden will, muss mit den ersten warmen Sonnenstrahlen sofort durchstarten können. Daher bleiben die Blätter, hier die Nadeln, am Baum, werden mit einem Frostschutzmittel versehen (das was so schön pufft, wenn man die Nadeln in eine Kerze hält), und überstehen so unbeschadet den Winter. Wird es Frühling, kann ohne Verzug Zucker und Holz produziert werden, und zwar so lange, bis die ersten Starkfröste das Land wieder in den eisigen Würgegriff nehmen. Kein Tag wird vergeudet, und dennoch reicht die kurze Vegetationszeit nur für kümmerliche Höhentriebe. Hundertjährige Bäume sind oft nicht höher als fünf Meter. Das passt ganz gut zum Dauergrün, denn dadurch können Stürme keine große Hebelwirkung entfalten. Und selbstredend: Auf ungestörten Taigaböden können auch Fichten und Kiefern tief wurzeln.

Man kann nun einwenden, dass es doch auch in Deutschland, Österreich oder der Schweiz natürliche Fichtenwälder gebe. Richtig, doch schauen Sie einmal genauer hin, wo diese stehen. Es sind eiszeitliche Reliktstandorte, kleine Inseln, in denen aufgrund der Höhenlage Taigaklima herrscht. Hier, und nur hier, sind Nadelbäume auch bei uns zu Hause. Davon zu sprechen, dass sie in ganz Mitteleuropa zu den heimischen Baumarten zählen, wäre genau so töricht, als würde man Robben im bayerischen Königssee aussetzen und wenn sie es eine zeitlang überleben würden anschließend zur natürlichen Fauna zu rechnen.

> **Auf ungestörten Taigaböden können auch Fichten und Kiefern tief wurzeln.**

Was passiert, wenn man Fichten und Kiefern in wärmere Gefilde bringt, liegt auf der Hand: Sie wachsen und wachsen. Im Gegensatz zu ihrer alten Heimat haben sie nun sechs Monate pro Jahr Zeit, und die wird auch kräftig genutzt. Lange Stämme, große Kronen – ihre alten Taiga-

Waldameisen sind Kulturfolger in Nadelbaumpflanzungen. Oder haben Sie schon einmal einen Ameisenhaufen aus Blättern gesehen?

Freunde würden vor Neid erblassen, könnten sie diese Kraftprotze sehen. Bis zu dem Tag, an dem ein starker Sturm diesem Treiben ein Ende bereitet.

Und als wäre das nicht genug, gibt es noch weiteres Ungemach für die Zugereisten. Taigaklima ist kalt und feucht – was uns ungemütlich erscheint, ist für Nadelbäume eine echte Wohlfühlatmosphäre. Im Vergleich dazu sind mitteleuropäische Verhältnisse schon tropisch zu nennen. Heiße, lange Sommer und milde Winter stressen Fichten. Zudem verbrauchen sie durch die längere Wachstumsperiode viel mehr Wasser. Zu dumm nur, dass es im Durchschnitt bei uns

Typisches Ende einer Fichtenplantage – vom Sturm geworfen und
von Maschinen zerfahren.

auch noch weniger regnet als im hohen Norden, da ist Durst vorprogrammiert. Und zu viel Durst macht krank.

Kranke Bäume rufen Schwächeparasiten auf den Plan, und der gefürchtetste davon ist der Borkenkäfer. Er kann nur angreifen, wenn sich die Bäume nicht mehr wehren können. Bohrt sich solch ein Insekt in einen gesunden Stamm, so drückt dieser sofort ein Harztröpfchen heraus und ertränkt den Angreifer. Durstige Bäume aber haben keine Spucke mehr, und der Käfer kann ungestraft fressen.

Eine Ausnahme ist die Weißtanne. Sie kommt von Natur aus zusammen mit der Buche vor und hat auch ganz ähnliche Ansprüche. Unser Klima behagt ihr. Probleme wie die Fichte sie hat, kennt die Weißtanne nicht. Aber dazu später mehr.

Einen großen Vorteil haben Nadelbäume dann doch: sie wachsen immer schön gerade. Das ist genetisch bedingt, denn sie richten ihr Stammwachstum immer entgegengesetzt zu der Erdanziehungskraft aus. Das können Laubbäume nicht. Sie recken sich nach dem Licht, und wenn dieses von der Seite kommt, wachsen die Stämme in diese Richtung und werden krumm.

Verdurstende Fichten, von Borkenkäfern getötet.

Licht- und Schattbaumarten

Als **Lichtbaumarten** werden Bäume bezeichnet, die viel Licht zum Wachstum brauchen. Sie vertragen es daher nicht, dass andere Bäume über ihnen stehen. Werden sie von anderen Arten überwachsen, so sterben sie ab. Alle Lichtbaumarten lassen so viel Sonne auf den Boden, dass Schattbaumarten unter ihnen bestens wachsen können.

Klassisches Terrain sind Sukzessionsflächen, auf denen der Wald gerade erst zurückkehrt. Licht gibt es hier im Überfluss, sodass

kein Baum damit haushalten muss. Neben der Birke zählen Vogelbeere, Kirsche, Weiden, Pappeln und auch die Eichenarten zu dieser Kategorie.

Schattbaumarten dagegen sind wahre Lichtasketen. Sie können vor allem in ihrer Jugend extreme Schattenverhältnisse ertragen; oft reichen schon drei Prozent des Sonnenlichts aus, um am Leben zu bleiben. Zum Wachsen ist dies allerdings zu wenig, und daher verharrt der Baumnachwuchs jahrzehntelang in ein bis zwei Meter Höhe. Solches Verhalten kenn-

zeichnet die klassischen Urwaldbaumarten, denn in natürlichen Wäldern herrscht am Boden ständiges Dämmerlicht. Wer hier nicht jeden winzigen Sonnenstrahl nutzt, vergeht rasch wieder zu Humus. Buche, Weißtanne, aber auch die Eibe beherrschen diesen sparsamen Umgang perfekt.

Es gibt eine Reihe von Baumarten, die sich zwischen beide Typen einreihen. Fichte, Esche oder die verschiedenen Ahornarten sind solche Übergangsarten.

Birke

Es gibt zwei Birkenarten: die seltenere Moorbirke (*Betula pubescens*) und die weitverbreitete Sandbirke (*Betula pendula*). Die Sandbirke heißt auch Hängebirke, weil ihre Zweige peitschenartig nach unten pendeln. Und genau das sollen sie auch: peitschen. Wehe, wenn eine andere Art ihren Wipfel an der Sandbirke vorbeischiebt. Es genügt ein leichter Wind, und schon schlagen die flexiblen Triebe der Vorwitznase sämtliche Äste kaputt.

Ansonsten ist diese Art die perfekte Wahl für eine Wiesenaufforstung. Birken zählen zu den Pionieren, besiedeln Brachflächen von Natur aus als erste und sind für die raue Freifläche gut geeignet. Die meisten anderen Baumarten sind in ihrer Jugend sehr empfindlich und brauchen den Schutz älterer Bäume. Pralle Sonne, Wind und Frost vertragen sie nicht gut. Ganz anders die Sandbirke. Das fehlende Waldklima hindert die jungen Schößlinge nicht daran, inner-

halb von 20 Jahren 12-15 Meter Höhe zu erreichen. Und danach zeigen sich Birken von ihrer besten Seite. Als Lichtbaumart lassen sie so viel Sonne auf den Boden, dass später andere Bäume, wie etwa Buchen oder Ahorn, darunter wachsen können – denn jetzt herrscht hier unten ja das benötigte Kleinklima.

Allen Pionierbaumarten ist gemein, dass sie in der Jugend sehr schnell wachsen – gut für Brachflächen, bei denen eine rasche Wiederbewaldung gewünscht ist. Zudem sind bereits zwanzig Jahre nach der Saat oder Pflanzung erste Brennholznutzungen möglich, nach 60 Jahren können sogar wertvolle Furnierhölzer geerntet werden. Diese Leistungen werden allerdings mit einer kurzen Lebensspanne bezahlt. Nach rund 120 Jahren sterben Birken ab.

An den Boden und das Klima stellen Birken kaum Ansprüche, sodass sie in ganz Europa anzutreffen ist. In den meisten Fällen können Sie sogar von einer Pflanzung absehen: die kleinen, flugfähigen Samen werden über Kilometer hinweg von den nächsten Altbäumen auf Ihre Parzelle geweht.

Eiche

Eichen zählen wie die Birken zu den Lichtbaumarten, haben also ebenfalls einen flotten Wachstumsstart in der Jugend und lassen dann nach wenigen Jahrzehnten im Wuchs stark nach. Im Gegensatz zur Birke ist aber nicht mit 120 Jahren Schluss, sondern es können sich viele Jahrhunderte eines gemächlicheren Wachstums anschließen. Tausendjährige Bäume entspringen aber eher dem Wunschdenken von Tourismusbüros.

In unseren Wäldern gibt es mehrere Eichenarten, die:

- Stieleiche (*Quercus robur*),
- Traubeneiche (*Quercus petraea*)
- Roteiche (*Quercus rubra*).

Letztere ist ein Import aus Nordamerika und waldbaulich entbehrlich. Sie wächst zwar schneller als die heimischen Verwandten, bringt aber deutlich geringere Holzerlöse. Zudem kann unsere Tierwelt kaum etwas mit den Neubürgern anfangen, sodass Sie als Waldbesitzer lieber auf die Stiel- oder Traubeneiche setzen sollten. Oder auf beide. Denn bis heute ist nicht klar, ob es sich bei beiden tatsächlich um zwei verschiedene Spezies handelt. Etliche Mischformen lassen vermuten, dass es möglicherweise nur Varietäten ein und derselben Art sind.

Reine Eichenwälder sind in unseren Breiten Kunstprodukte, denn von Natur aus kämen die Bäume höchstens in kleinen Gruppen eingestreut in Buchenwäldern vor. Lediglich auf Extremstandorten, also trockenen, steilen Südhängen, an den Rändern von Mooren oder im Hochwasserbereich der großen Flüsse können sie sich auch in größerer Stückzahl durchsetzen.

Buche

Die Buche, genauer gesagt die Rotbuche (*Fagus sylvatica*), ist der typische Waldbaum Mitteleuropas. Vor dem Eingriff durch den Mensch war sie auf rund 80 % der Landfläche in Form von Urwäldern vertreten. Sie hatte sich vor 5000 Jahren gegen Eichen und Co. durchgesetzt – das beste Zeichen, dass sie die ideale Baumart für unser gegenwärtiges Klima ist. Zwar ist sie je nach Region noch zu 10-20 % an der Waldfläche vertreten, doch der Anteil mittelalter Buchen ab Alter 160 ist auf weniger als 3 Promille geschrumpft. Wälder mit ganz alten Exemplaren gibt es überhaupt nicht mehr, und das ist schon ein wenig traurig. Denn dies ist unser typisches Ökosystem, für welches wir global Verantwortung tragen, es ist Heimat für tausende von Arten und sozusagen unser „Regenwald". Vermehren lassen sich diese Altwälder nicht mehr, aber immerhin könnten Sie die Reste, so Sie denn welche besitzen, erhalten. Denn Waldwirtschaft bedeutet immer auch die Übernahme von Verantwortung für künftige Generationen, in diesem Fall den Erhalt unseres Naturerbes.

Eichenblatt im Herbst mit „Grünen Inseln": Hier verhindern Bakterien und Pilze den Rückzug der Nährstoffe in die Zweige und können so noch ein wenig länger vom Blatt zehren.

Die Buche wird aufgrund ihrer positiven Eigenschaften für das Ökosystem auch „Mutter des Waldes" genannt.

Eschentriebsterben - typisch ist das Absterben der jungen Triebe in der Krone von außen nach innen

Esche

Die Esche (*Fraxinus excelsior*) macht Schlagzeilen, denn ihr geht es an den Kragen. Habe ich in meinem Buch „Der eigene Wald" (Verlag Eugen Ulmer, Stuttgart) den Anbau noch empfohlen, so muss ich nun erst einmal abraten. Denn ein kleiner aggressiver Pilz bringt den imposanten Baum Stück für Stück um. Das „Falsche Weiße Stengelbecherchen" (*Hymenoscyphus pseudoalbidus*), ein Importschädling, befällt erst die Blätter, dann Zweige und Äste und schließlich den Stamm. Auf seinem Weg durch den Baum hinterlässt es absterbendes Gewebe. Erstes Alarmzeichen sind welkende Blätter und vertrocknende Triebe im Sommer. Wie schnell und ob es weitergeht, hängt von jedem einzelnen Baum ab. Denn rund 10 Prozent der Eschen scheinen mit dem Widersacher gut fertig zu werden, was aber auch umgekehrt bedeutet, dass über kurz oder lang der größte Teil eines Eschenbestands abstirbt.

Wie schon bei den Ulmen ist es auch hier ein Importschädling, der auf völlig unvorbereitete Bäume trifft. Ob sich die Art erholt, ist ungewiss. Vielleicht können Baumschulen aus dem Saatgut überlebender Bäume Setzlinge nachziehen und damit den Schwund aufhalten. Schon wird überlegt, ob man nicht resistente Sorten züchten sollte. Doch davon halte ich gar nichts. Denn Zuchtsorten sind genetisch nun mal keine Wildform, und bringt man solche veränderten Eschen in die freie Natur, so vermischen sie sich über den Pollenflug mit ihren ursprünglichen Artgenossen und löschen diese als Ursprungsart aus.

Wenn Sie dieser Spezies helfen wollen, so achten Sie darauf, ob Baumschulen Nachkommen von resistenten Wildeschen anbieten. Diese können Sie unbedenklich in Ihren Wald pflanzen, zum Beispiel auf kalkhaltige, gut wasserversorgte Böden. Als Halbschattbaumart gedeiht sie gut in kleineren Windwurflöchern von Fichtenbeständen, wo es für Buchen zu hell ist.

Fichte

Von den verschiedenen Fichtenarten ist bei uns nur die gemeine Fichte (*Picea abies*) von forstwirtschaftlicher Bedeutung. Über ihre Probleme bei uns haben wir schon gesprochen. Ist Ihre Waldparzelle in einer Hochlage, etwa ab 1000 Meter über Meereshöhe, so kann das funktionieren. Hier herrscht ja schon wenigstens ein wenig Taigaklima. In Kombination mit ausreichenden Niederschlägen (um 1000 mm pro Jahr) sollten zumindest momentan keine Probleme auftreten. Wie es allerdings in der Zukunft aussieht (Stichwort: Klimawandel mit bis zu 4 Grad Celsius Temperaturanstieg), vermag niemand zu sagen. Insofern bleibt die Fichte auch in Hochlagen eine Baumart für Roulettespieler.

In allen übrigen Gebieten wird schon heute der typische Zweiklang auftreten: Sturm und Borkenkäfer. Ich kann nur empfehlen, auf eine erneute Pflanzung dieser Baumart zu verzichten. Denn neben den Katastrophen kommt ein weiteres Problem hinzu: Fichten verschlechtern den Boden, auf dem sie stehen. Ihre Nadeln bewirken eine schleichende Versauerung, ihre Wurzeln eine Verdichtung des Erdreichs, denn bei Sturm drückt der Wurzelteller wie ein riesiger Kartoffelstampfer mit jedem Windstoß hin und her. In der Folge wächst die nächste Baumgeneration deutlich langsamer und das bedeutet: die Erträge sinken langfristig. Kurz gesagt gleicht Fichtenanbau einem Raubbau an den natürlichen Ressourcen.

Wenn auf Ihrer Parzelle allerdings schon ältere Fichten stehen, so gibt es ökologisch und ökonomisch interessante Möglichkeiten, langsam auf andere Baumarten zu wechseln. Mehr hierzu lesen Sie im Kapitel „Umwandlung von Fichtenwäldern".

Ein kleiner aggressiver Pilz bringt die Eschen Stück für Stück um!

Diese Buche ist ein echter
Dickkopf, wie die Buckel auf dem
Stamm beweisen.

Bäume haben Charakter!

Bäume sind keine stumpfen Bioroboter, sondern fühlende Wesen. Mittlerweile weiß man, dass sie sogar untereinander kommunizieren - mit Duftstoffen oder über die Wurzeln. Daneben ist es faszinierend zu beobachten, welch unterschiedliche Charaktereigenschaften jeder einzelne Baum hat. Besonders gut können Sie das im Herbst sehen, wenn das Laub abgeworfen wird. Der Baum muss dazu wichtige Reservestoffe abziehen und dann noch aktiv eine Trennschicht bilden. Das kann er nur, solange er noch nicht im Winterschlaf ist, also bei Temperaturen über dem Gefrierpunkt. Nur wann ist der richtige Zeitpunkt? Erste Fröste Anfang Oktober sind oft das falsche Startsignal, denn manchmal ist es anschließend bis in den November hinein noch warm und sonnig. Wirft der Baum zu früh ab, so verpasst er eine gute Gelegenheit, noch ein paar Wochen Zucker zu produzieren. Trödelt er dagegen zu lange, schickt ihn eine lange Frostperiode ins Reich der Träume und bewirkt, dass er seine Blätter den ganzen Winter über an den Zweigen behält. Damit steigt dann das Windwurfrisiko; zudem kann er seine Nährstoffe

Verschiedene Strategien: Der Baum links ist schon fast kahl, während die Nachbarn von gelb bis grün noch alles bieten.

nicht mehr in die Zweige abpumpen. Jeder Baum hat also seine eigene Strategie, und so können Sie im Oktober Exemplare sehen, die sehr früh abwerfen (echte Angsthasen eben), und unmittelbar daneben risikofreudige Draufgänger, die noch in vollem Grün stehen.

Bäume, die im Urwald aufwachsen, bilden in der Jugend nur dünne Äste, die wieder vergehen, wenn sich die Krone in die Höhe schiebt. Dann wird es unten zu dunkel für Fotosynthese. Erst wenn ein Baum oben angekommen, 30 oder 40 Meter hoch ist und ihm niemand mehr seinen Platz streitig macht, dann kann er dicke Kronenäste ausbilden, die für den Rest seines Lebens Bestand haben.

Der Grund für dieses Verhalten: Absterbende Äste öffnen Eintrittspforten für Pilze und müssen schnell überwallt werden. Schnell, das geht nur bei dünnen Durchmessern (bis 5 cm) und bedeutet, dass die Wunde in wenigen Jahren geschlossen ist. Daher werden nur dauerhafte Äste stark, also erst dann, wenn der Baum ausgewachsen ist. Sein Stamm ist ab dieser Zeit glatt und astfrei. So sollte es zumindest sein, aber es gibt Unersättliche, die trotzdem weiterhin Schaftäste bilden – man kann ja immer ein wenig mehr Fotosynthese und den damit produzierten Zucker gebrauchen, oder? Auf das Risiko, dass diese Triebe doch wieder absterben und dass dann Pilze ihr Leben gefährden

Charakterstudien können Sie sogar an Ihrer Hecke betreiben, denn diese besteht ja ebenfalls aus lauter unterschiedlichen Bäumen. Diese sind durch ihr individuelles Verhalten im Herbst gut zu unterscheiden.

können, pfeifen die gierigen Gesellen.

Ich habe in meinem Revier eine Buche, die es einfach nicht verstehen will. Jedes Jahr treibt sie am ganzen Stamm tausende Triebe, obwohl sie mit ihrer mächtigen Krone mehr als genug Sonnenlicht einfängt. Diese verdunkelt dann auch die jungen Blättchen am Stamm derart, dass sie im Sommer wieder absterben. Daraus lernt die Buche aber nichts, sondern probiert es Jahr für Jahr wieder. Das Resultat sind knotige Beulen am Stamm, die sie wie einen Buckelwal aussehen lassen. Oft werde ich gefragt, ob der Baum krank sei. „Nein" kann ich da nur lachend entgegnen, „ er ist bloß ein echter Dickkopf!"

Auch ein Fichtenwald kann romantisch sein, zumal, wenn junge Buchen im Unterstand Hoffnung versprechen.

Weißtanne

Dass ich die Weißtanne unmittelbar nach der Fichte beschreibe, hat einen guten Grund: Vom Holz und der Verwendung sind beide Arten sehr ähnlich, von der ökologischen Bewertung her jedoch grundverschieden. Das ist auch kein Wunder, ähnelt die Weißtanne mit Ausnahme der Optik eher der Buche. Daher wird sie auch als der Laubbaum unter den Nadelbäumen bezeichnet. Ihre herabfallenden Nadeln werden von den Bodenorganismen gerne und gut verwertet, und damit ist zu Füßen der Bäume ein hervorragender Humus zu finden. Ihre Wurzeln können tief in den Boden eindringen – sogar in verdichtetes Erdreich. Weißtannen eignen sich so zur Regenerierung von Befahrungssschäden. Das war aber noch nicht alles. Auf den trockensten Felsrippen meines Revieres stehen neben Traubeneichen diese Nadelbäume. Sie demonstrieren damit einen sehr sparsamen Umgang mit Wasser. Zudem werden sie bei Beschädigung der Rinde oder des Holzes kaum von Pilzen oder Insekten befallen. Kurz, all das, was bei der Fichte negativ zu Buche schlägt, kann die Weißtanne bewältigen.

In ihrer Jugend kann sie so viel Schatten ertragen wie kaum eine andere Art. Dadurch kann sie gut unter einen Altbestand gepflanzt werden. Einzig ihre Schmackhaftigkeit wird ihr oft zum Verhängnis: Rehe und Hirsche stürzen sich regelrecht auf die kleinen Sämlinge, und ohne schützenden Zaun werden aus ihnen in den meisten Fällen keine großen Bäume.

Typische Storchennestkrone einer alten Weißtanne.

Auf das „Wie" kommt es an

Haben Sie Ihr Ziel vor Augen, sind die Baumarten gewählt oder bereits vorhanden, so kann es an die Umsetzung gehen. Das Wichtigste dabei ist Fantasie, denn Sie sollten vor Ihrem geistigen Auge sehen, wie der Wald sich in den kommenden Jahrzehnten in Abhängigkeit von Ihren Eingriffen entwickeln wird. Dabei gibt es zwei grundsätzlich sehr verschiedene Möglichkeiten, über Durchforstungen einen ertragsstarken Wald aufzubauen. So unterschiedlich sind die Methoden, dass unter Fachleuten fast schon ein Glaubenskrieg entbrannt ist, welche denn nun die bessere sei. Wenn Sie ökologisch wirtschaften wollen, so fällt die Wahl nicht schwer, wie Sie auf den folgenden Seiten sehen werden.

Der Plenterwald

Der Plenterwald ist eine kahlschlagsfreie Betriebsform. Er lehnt sich stark an die Vorgänge im Urwald an. Wie dort kommen Dicke und Dünne, große und kleine Bäume innig gemischt auf der gesamten Fläche vor. Im Idealfall braucht der Besitzer nur hier und da einen reifen Stamm zu ernten und überlässt den Rest der Natur. An der Stelle des gefällten Baumes stehen ja schon jüngere, die auf ihre Chance warten und nur zu gerne den Platz einnehmen. Durch das Zulassen von natürlichen Regelungsmechanismen sind Plenterwälder ganz besonders gesund. Das langsame Jugendwachstum bekommt den Bäumen gut, und der humusreiche Waldboden mit seinem reichen Nährstoff- und Wasserangebot tut sein Übriges.

Der Ursprung des Wortes „plentern" ist nicht genau belegt. Böse Zungen behaupten, es käme von plündern, und das hat einen Grund. Plenterwälder lassen sich amtlicherseits nicht gut kontrollieren, was die Menge des eingeschlagenen Holzes betrifft. Da es bei dieser Betriebsweise keine Kahlschläge gibt, sondern immer nur einzelne Stämme entnommen werden, könnte ein Waldbesitzer schleichend mehr ernten als nachwächst. Und da Förster von Amts wegen eher misstrauisch sind, wurde Bauern, die traditionell ihren Wald so bewirtschaftet haben, die Plenterung im 19. Jahrhundert kurzerhand verboten.

Bis heute wird vielen Waldbesitzern davon abgeraten. Das ist sehr schade. Denn Plenterwälder sind sehr vorteilhaft für ihre Besitzer. Gerade Eigentümern kleinerer Waldparzellen ermöglicht der kahlschlagfreie Betrieb, die einzelstammweise Nutzung, kontinuierliche Erträge. Alle zwei, drei Jahre können erntereife Stämme entnommen werden, und dies bis zum Sankt Nimmerleinstag, denn die Bäume wachsen ja ständig nach. Wie sagte einmal ein Waldbauer, den ich in der Nähe von Bamberg besuchte: „Wenn ich mit meiner Frau einmal nach New York fliegen möchte, dann verkaufe ich halt einen Baum".

Plenterwälder gelten als extrem sturmfest – und wenn doch einmal die größten Bäume fallen, so stehen unter ihnen halb hohe und kleinere, sodass eine Wiederaufforstung entfällt (die nächste Waldgeneration steht ja schon da). Auch Borkenkäfer schlagen seltener zu, da der ständig beschattete Boden viel Wasser speichert und so für die Gesundheit der Bäume sorgt. Da diese unter Urwaldbedingungen wachsen, ist ihr Holz engringig und feinastig. Die Holzindustrie bezahlt für solche Ware bis zu fünfmal mehr.

Sind die Marktpreise gut, so kann durchaus einmal mehr geerntet werden als zuwächst. Dann wird ein Plenterwald ein wenig ärmer an dicken Stämmen und man lässt ihn danach ent-

Ein Laubplenterwald im Forstbetrieb des Herzogs von Oldenburg in Lensahn/ Schleswig-Holstein.

Ein Nadelplenterwald im Forstbetrieb der Stadt Freudenstadt/
Baden-Württemberg.

sprechend lange ungenutzt. Umgekehrt kann
bei einem Preisverfall, etwa nach großen Sturmwürfen in Mitteleuropa, einfach einige Jahre
abgewartet werden. Im Gegensatz zu Nadelholz-
Monokulturen wird ein Plenterwald hierdurch
nicht instabil, sondern einfach ein wenig reicher
an Holz. Warum dies so ist und wie die Plenterung funktioniert, das will ich im Kapitel „Durchforstung" erklären.

Zunächst stellt sich die Frage, welche Baumarten für eine Plenterung geeignet sind. Es ist ganz
einfach: alle! Diese Meinung teilen viele Förster nicht. Sie behaupten vielfach, Plenterwälder
seien nur mit Fichte, Tanne und Buche möglich.
Diese Lehre wird wieder und wieder an den forstlichen Hochschulen doziert und dennoch ist sie
falsch. Die irrige Meinung beruht auf der heutigen Verbreitung der Plenterwälder. Und das ist
tatsächlich dort, wo sich das Vorkommen der drei
Baumarten überschneidet. Der Voralpen- und
Alpenraum, die Schwäbische Alb, der Schwarzwald und Thüringen werden genannt. Doch die
Betriebsform kommt heute noch dort vor, weil
die Waldbauern in diesen Gegenden besonders
stur und rebellisch waren. Sie ließen sich von der
Obrigkeit nicht die geliebte Tradition verbieten
und pflegten ihre Bäume, wie sie es von ihren
Vorfahren gelernt hatten. Nur deshalb gibt es
heute überhaupt noch diese Waldform. Anläss-
lich einer Exkursion in die Plenterwälder von
Freudenstadt (Schwarzwald) sagte unser Führer:
„Der Plenterwald konnte sich nur deshalb halten, weil hier nie ein staatlicher Förster zuständig war".

In allen anderen Regionen gibt es diese Tradition nicht. Die Bindung zum Wald war vielfach
sogar von Hass geprägt. So wurde die Bevölkerung der Eifel von der preußischen Forstverwaltung gezwungen, die verödeten Heide-
landschaften wieder aufzuforsten. Das war ein
ehrenwertes Vorhaben, doch die ortsansässigen

Bauern brauchten die Flächen dringend als Wei-
deland. Noch gegen Ende des 19. Jahrhunderts
gab es in diesem Landstrich Hungersnöte. Da
zählte jeder Quadratmeter, auf dem die mageren
Schafe grasen konnten. Die Fichtensamen legten
die zwangsverpflichteten Familien nachts heim-
lich auf die heiße Herdplatte, bevor sie diese am
nächsten Tag unter den wachsamen Augen der
Förster ins Erdreich säten. Zumindest ließ sich
so die Wiederbewaldung verzögern. Die Liebe
zum Wald und besonders sorgsame Bewirtschaftungsmethoden konnten so nicht entstehen.

Das Resümee: Plenterwald ist überall und mit
allen Baumarten möglich.

Wer den Plenterwald noch näher an den
Urwald rücken lassen möchte, erntet einfach
grundsätzlich weniger als nachwächst. Dadurch
können sich die lebenden Holzvorräte pro Hektar
von 300 Festmeter auf 600 Festmeter verdop-
peln – dem unteren Wert von Naturwäldern. In der
Folge wird es noch schattiger und feuchter, fühlen sich noch mehr Bodenbewohner eines Urwaldes in Ihrem Wirtschaftswald wohl. Das bedeutet
allerdings auch einige Jahrzehnte Verzicht auf die
maximal möglichen Holzerträge, aber wenn Sie
sich das leisten können oder möchten, werden
Ihre Enkel mit einem äußerst stabilen und vielfäl-
tigen Ökosystem belohnt. Die Städte Lübeck und
Göttingen machen dies in Zusammenarbeit mit
Greenpeace schon auf großer Fläche erfolgreich
vor; wenn Sie einmal sehen möchten, wie sich
solch ein Wald anfühlt, dann machen Sie doch
einfach eine Städtereise dort hin und besuchen
diese Forstbetriebe.

Alle Baumarten sind
fürs Plentern geeignet!

Ein Altersklassenwald, dessen Vorräte „abgeschmolzen" werden.

Umtriebszeit

Der Begriff „Umtriebszeit" entstammt dem Vokabular des Altersklassenwaldes. Er beziffert die Anzahl von Jahren, die eine bepflanzte Fläche bis zur Ernte wachsen darf. Üblicherweise sind dies Zeiträume zwischen 80 und 180 Jahren (je nach Baumart). Ist das Zielalter erreicht, werden entweder gleichzeitig (Kahlschlag) oder über zwei Jahrzehnte verteilt (Saum- oder Lichtungshiebe) alle Bäume genutzt. Unter den erntereifen Exemplaren gibt es immer auch noch viel zu dünne, deren Ernte noch gar keinen Sinn macht. Trotzdem werden diese unreifen Stämme gleich mit entfernt – betriebswirtschaftlich völliger Unsinn. Wer würde schon so seine Erdbeeren pflücken, nach einem festgelegten Datum und dann gleich alle auf einmal, egal ob rot oder grün?

Die Umtriebszeit bietet großen Verwaltungen aber noch ganz andere Möglichkeiten, nämlich gegen die Nachhaltigkeit zu verstoßen und zumindest auf dem Papier weiterhin korrekt zu handeln. Bei der Fichte etwa wird momentan das bisherige Umtriebsalter von 100 Jahren auf 80 Jahre abgesenkt. Damit sind schlagartig alle Fichten über 80 zu alt, überflüssig und können in den nächsten Jahren gefällt werden. Auf diese Art lässt sich der Holzeinschlag vorübergehend um 20 Prozent steigern, tatsächlich werden aber die Wälder geplündert. Der Holzbedarf wächst unerbittlich, und schon ist die Absenkung auf 60 Jahre im Gespräch. Anderen Baumarten ergeht es nicht weniger schlecht, sodass alte Waldbestände immer rascher verschwinden. In perfektem PR-Deutsch nennen das die zuständigen Beamten ein „Abschmelzen" von Starkholz.

Der Altersklassenwald

Aus der Tradition preußischer Forstverwaltungen stammt der Altersklassenwald. Er wirkt aufgeräumt und fein säuberlich sortiert, wie eine amtliche Bürostube. Jedem Baumalter ist eine Fläche zugewiesen, oft nur mit einer Baumart. Und da es hier durchaus Parallelen zum menschlichen Schulbetrieb gibt, kam der entsprechende Fachbegriff zustande. Idealerweise hat ein Betrieb so viele Klassen oder Quadrate, wie sie der Umtriebszeit der gewählten Baumart entsprechen.

Wird etwa Fichte mit 100 Jahren Betriebsdauer gewünscht, so wären 100 Teilflächen sinnvoll. Dann kann jedes Jahr ein Waldstück abgeholzt werden, und gleichzeitig wird die Kahlfläche vom Vorjahr wieder aufgeforstet. Dazwischen reifen die anderen Altersstadien ihrer Nutzung entgegen und der Holzfluss versiegt nie.

Ein Altersklassenwald ist sehr einfach zu überwachen, denn man muss nur die abgeholzten Areale im Auge behalten. Würden in unserem Beispielfall zwei Quadrate gefällt, so wäre dies ein Verstoß gegen die Nachhaltigkeit, denn es würde doppelt so viel genutzt, wie nachwächst. Kein Wunder, dass viele Behörden bis heute auf diese simple Form des Waldbaus setzen.

Mittlerweile ist dieser Schematismus aber in der Bevölkerung verpönt. Gleich alte Wälder, nur eine Baumart, das ist eine Monokultur. Was unterscheidet gepflanzte Fichten- oder Kiefernwälder von Eukalyptusplantagen in Brasilien oder Portugal? Nichts, und deshalb versuchen die öffentlichen Forstbetriebe, das schlechte Image abzuschütteln.

Anstatt nun zum Plentermodell zu wechseln, wird das alte Altersklassenprinzip einfach ein wenig frisiert. Kahlschlag – igitt! Das macht doch keine Forstverwaltung mehr, die Parole lautet „Naturnaher Waldbau!" Alte Bäume werden entnommen, gleichzeitig wachsen junge nach, das ist doch wie im Urwald, oder? Doch wer nun meint, dabei werde das typische Nebeneinander aller Alters- und Größenstadien angestrebt, der irrt. Denn immer noch werden die alten Bäume innerhalb von 10-20 Jahren geerntet, und

das ist für einen Wald nur ein Wimpernschlag. Mit den ersten massiven Abholzungen kommt sofort Jungwuchs auf, der sich bis unter die noch stehenden Bäume hinzieht. Werden die großen über den Kleinen alle weggefällt, so ist dies nach Recht und Gesetz kein Kahlschlag mehr, denn schließlich stehen dort ja noch tausende von Bäumen, wenn diese auch noch recht klein sind. Und wo steht geschrieben, dass eine Fläche, die mit kniehohen Fichten, Kiefern oder Buchen bestanden ist, kein Wald sei? Per Definition muss es sich lediglich um Bäume handeln, eine Größendefinition sucht man in den Paragrafen vergebens. Doch welcher Specht kann in bleistiftdicke „Stämmchen" eine Höhle zimmern, welche Fledermäuse können unter den Gipfeln der Bonsais jagen? Ökologisch ist dieses Vorgehen einem Kahlschlag gleichzustellen, aber offiziell darf von nachhaltiger, ökologischer Forstwirtschaft gesprochen werden.

Ökologische Bewertung

Wenn Sie wissen möchten, wie sich Ihre forstlichen Aktivitäten auf die Umwelt auswirken, so stellen Sie sich einfach einen Urwald aus Laubbäumen vor. Er ist das Eichmaß, und wenn Sie naturgemäß, also analog seiner Funktionen wirtschaften möchten, so können Sie ganz einfach jede Maßnahme mit diesem Bild vor Ihrem geistigen Auge vergleichen.

Mit dem **Plenterwald** sind wir schnell fertig. Sein Aufbau ist sehr urwaldnah; und er ist ähnlich stabil wie sein wildes Vorbild. Lediglich die Biomasse ist deutlich geringer (es sind nur 40-50 Prozent), da ja regelmäßig Stämme entnommen werden. Das ist auch der Grund, weshalb im Plenterwald die ganz alten Bäume fehlen. Etwa mit Beginn des zweiten Lebensdrittels fangen Bäume an, innerlich zu faulen. Das macht ihnen nichts,

Altersklassenwald - Liebling der Behörden!

wohl aber dem Wirtschafter. Daher werden sie rechtzeitig gefällt. Ökologische Betriebe lassen aber für Spechte und Totholzbewohner genügend „Ewigkeitsbäume" stehen. Kombiniert man die Plenterwirtschaft mit kleinen Reservaten, in denen der Wald sich selbst überlassen bleibt, so ist in unserer dicht besiedelten Landschaft der bestmögliche Kompromiss zwischen Schutz und Nutzung gefunden.

Ganz anders sieht das beim **Altersklassenwald** aus. Er ist sehr naturfern, denn die räumliche Trennung verschieden alter Bäume kommt in der Natur so nicht vor. Den Kleinsten fehlt auf der Kulturfläche der Schutz der Eltern, und so braten sie in der heißen Sommersonne vor sich hin. Werden sie älter, fehlt unter ihnen der Nachwuchs – und der sorgt in natürlichen Wäldern für Windruhe am Boden. Im freien Raum unter den ordentlichen Reihen der Plantagen kann die Luft hindurch pfeifen und trocknet dabei den Boden aus. Das wirkt sich negativ im Holzertrag aus, denn Wasser ist der Schlüsselfaktor für den Zuwachs.

Jedes Stockwerk eines Waldes, Unterschicht, Mittelschicht und Oberschicht der Bäume, stellt eine eigene ökologische Nische dar. Ein Altersklassenwald hat nur ein Stockwerk pro Teilfläche und ist damit sehr artenarm. Zudem kommt die extrem hohe Anfälligkeit gegen Insekten und Wetterereignisse. Fällt hier die Oberschicht der Bäume in einem Sturm um, so ist der Wald weg – jungen Nachwuchs gibt es ja nicht.

Die Monotonie begünstigt auch den Befall durch Schädlinge. Die Kästchen mit einer Baumart eines Alters sind ja nicht kleine Quadrate, sondern oft zehn und mehr Hektar groß. Genau wie in landwirtschaftlichen Anbauflächen können hier Massenvermehrungen von Insekten stattfinden, gegen die man sich dann mit der chemischen Keule wehrt. So spritzen staatliche Forstverwaltungen, etwa die des Bundeslandes Brandenburg, regelmäßig Kiefernwälder auf vielen Quadratkilometern mit Kontaktinsektiziden der brutalsten Sorte. Ausgebracht werden die Mittel per Hubschrauber, und in der Landschaft, die im Giftnebel versinkt, sterben nicht nur alle Insekten, sondern auch jegliche Wasserorganis-

men. Ein so massiv beeinträchtigtes Ökosystem ist hinterher noch anfälliger für Schadorganismen, da ja auch deren Gegenspieler ausgerottet wurden.

Ein ganz anderer Aspekt ergibt sich für das Bodenleben. Es ist darauf angewiesen, dass sich über Jahrhunderte keine wesentlichen Änderungen im Kleinklima und im Nährstoffhaushalt ereignen. Ein Kahlschlag, und sei er noch so klein, bewirkt genau das. Die Sonne brennt ungefiltert auf den Boden und heizt wortwörtlich die Aktivität von Pilzen und Bakterien an. Diese vertilgen nun den Humus und die übrig gebliebenen Äste und Baumstümpfe innerhalb von wenigen Jahren und setzen dabei enorme Nährstoffmengen frei. Ist die Fressorgie vorbei, so bleibt ein öder Boden zurück. Die Nährstoffe sind mit dem Regen in tiefere Schichten gespült worden, und der Humus als wichtigster Wasserspeicher ist verpufft. Brennnesseln und andere Stickstoffzeiger erobern das Terrain, bis die gepflanzten Bäumchen sie wieder verdrängen.

Das ursprüngliche Bodenleben eines Laubwalds kann diese Achterbahnfahrt nicht mitmachen und verabschiedet sich – mit unbekannten Folgen für kommende Baumgenerationen.

In der Summe sinkt die Fruchtbarkeit und damit der Ertrag, wenn man dieses System über mehrere Baumgenerationen fortführt. Auch in meinem Revier gibt es Bestände, in denen dreimal Fichte als Altersklassenwald angebaut wurde. Die aktuelle Generation lässt bereits deutlich im Wuchs nach.

Die großen Forstverwaltungen, aber auch forstliche Fakultäten, halten auf Gedeih und Verderb am Altersklassenwald fest. Es ist offensichtlich, dass dieser nicht naturgemäß genannt werden kann, denn solche Klassen oder gar einen Kahlschlag kennt der Urwald nicht. Nun wächst

> Der alte Wald ist bis auf ein paar Reste weg, die jungen Bäume sind kein Ersatz für das kahl geschlagene Ökosystem: Willkommen in der Welt des naturnahen Waldbaus!

Holznutzung ist kein Umweltschutz, aber vertretbar, wenn der Wald sanft behandelt wird.

der öffentliche Druck, der Ökologie einen höheren Stellenwert einzuräumen. Doch anstatt die Bewirtschaftungsmethoden zu ändern, wird am wissenschaftlichen Unterbau gefeilt. Als erstes werden natürliche Altersklassen erfunden. Ein Urwald, so die Behauptung, durchlaufe Phasen. So folge auf die Aufbauphase mit sehr viel jungen Bäumen die Reifephase, in der ein Buchenwald dicht, dunkel und sehr monoton werde. Ab Alter 200 dann würden die Bäume flächig zusammenbrechen, die alten Exemplare innerhalb weniger Jahre sterben, um dann von frischgekeimter Baumjugend abgelöst zu werden. Forstwirt-

schaft bilde diese Zyklen ganz ideal ab: Zuerst kommt die Kultur oder die Naturverjüngung, die zu einem monotonen mittelalten Bestand heranwächst, der wiederum nach einigen Jahrzehnten durch Kahlschlag (manchmal über ein paar Jahre verteilt) abgelöst wird. Der einzige Unterschied zum Urwald sei das Fehlen der Zusammenbruchsphase, denn man wolle das Holz ja schließlich nutzen. Und ganz nebenbei halte man so die Wälder stabil und gesund, denn das anfällige Altersstadium der Bäume erspare man so der Natur.

Für die Fichtenkahlschläge zitiert man Erfahrungen aus nordischen Ökosystemen. Hier brennt etwa alle zweihundert Jahre der Wald und endet in einem natürlichen „Kahlschlag". Ursache der Brände sollen Blitzschläge sein, die die harzigen Fichten und Kiefern wie Fackeln entzünden.

Sich für die Verlierer der Evolution entscheiden? Besser nicht!

Solche Erneuerungen kann man auch in unseren Kunstforsten nachbilden, nur eben mit der Motorsäge und nicht mit Flammen.

Und die Realität? Es gibt keine Phasen in Urwäldern, ganz gleich ob in Skandinavien, Mitteleuropa oder am Amazonas. Oder haben Sie schon einmal von flächenhaften Waldzusammenbrüchen in Brasilien gehört? Es ist ja gerade ein Kennzeichen solcher Ökosysteme, dass sie über viele Jahrhunderte, gar Jahrtausende sehr stabil sind und kaum Veränderungen kennen. Grund ist die innige Durchmischung mit Bäumen jeglichen Alters auf kleinster Fläche. Neigt sich das Leben eines Riesen dem Ende zu oder wird er vom Sturm gefällt, so nimmt sein Nachbar den Platz ein. Schon nach kurzer Zeit ist dieser Wechsel nicht mehr zu sehen.

Und Brände? Mitteleuropäische Wälder können eigentlich nicht brennen, denn von Natur aus bestehen sie fast ausschließlich aus Laubbäumen. Machen Sie doch einmal die Probe und versuchen, einen grünen Buchenzweig zu entzünden – es geht nicht.

Und Nadelhölzer? Die brennen relativ leicht, vor allem bei großer Trockenheit. In ihrer Heimat, dem hohen Norden, ist es sehr feucht und meist auch recht kühl. Dennoch könnte theoretisch ein Blitz einmal einen Wald entzünden und vernichten. Doch dass dies spätestens alle zweihundert Jahre geschieht, glaube ich nicht. Wie sonst wären mehrere über 8000 Jahre alten Fichten zu erklären, die man vor wenigen Jahre zur Verblüffung der Wissenschaftler in der schwedischen Provinz Dalarna fand? Da der Mensch schon seit Jahrtausenden die Wälder begleitet, liegt eher eine unabsichtliche oder gar gezielte Brandstiftung nahe, etwa um neue Weidegründe zu schaffen.

Sie werden mit dem Hinweis untermauert, dass die Freiflächen sogar für eine Erhöhung der Artenvielfalt sorgten, denn nun könnten auch Offenlandspezies den Wald besiedeln. Wer mit solchem „Fachwissen" in den Wald hinausgeht, der kann kaum naturgemäß wirtschaften, da ihm die richtigen Vorbilder fehlen. Und so wird munter weiter kahl geschlagen.

Ökonomische Bewertung

Forstwirtschaft ist zunächst vor allem eines: Wirtschaft. Und wie bei jedem Geschäft sollte unter dem Strich ein möglichst hoher Gewinn stehen, ansonsten wäre die Arbeit im Wald reine Gärtnerei.

In der Arbeit mit dem Wald gilt ein eiserner Merksatz: Jeder Schritt weg von der Natur erfordert Arbeit, Geld und senkt den Gewinn. Denn ohne ständige Eingriffe setzt sich langfristig immer wieder ein Lauburwald durch. Je weiter entfernt von diesem Idealzustand Ihr Betriebsziel ist, desto mehr müssen Sie gegen diese Entwicklung arbeiten.

Das geht schon mit der Baumartenwahl los. Informieren Sie sich, welche Arten von Natur aus die Wälder Ihrer Region bilden würden. In der Regel wird dies die Buche sein, gemischt mit anderen Laubhölzern, wie Eiche, Esche oder Ahorn. Diese Zusammensetzung würde sich immer wieder einstellen, wenn der Mensch seine lenkenden Aktivitäten zurücknehmen würde. Der Grund: Das aktuelle Klima ist wie geschaffen für diesen Waldtyp, der unter diesen Voraussetzungen besonders konkurrenzkräftig ist. Entscheiden Sie sich nun für andere Arten, wie etwa Fichte, Kiefer, Kirsche oder Birke, so bedeutet dies, dass Sie sich für die Verlierer der Evolution in Mitteleuropa engagieren. Dafür kann es gute Gründe geben, doch Sie müssen diesen Schwächlingen zeitlebens helfen, sich durchzusetzen. Das geschieht in der Regel durch die Beseitigung von konkurrenzstarken Laubhölzern (sofern dies nicht das Wild erledigt – dazu später mehr).

Neben der Baumartenwahl ist der Waldaufbau die zweite, mindestens ebenso wichtige Größe. Je mehr dieser einem Urwald ähnelt, je inniger alle Altersstadien durchmischt sind, desto gesünder sind die Bäume. Ein guter Humuszustand, gute Wasserspeicherfähigkeit, die Widerstandskraft gegen Stürme und Insekten, all das nimmt rapide ab, wenn es Richtung Plantage geht. Ein Plenterwald schneidet hier bestens ab, denn näher am Urwald kann ein Forst nicht bewirtschaftet werden.

Vorbild Urwald

Urwälder sind für die klassische Forstwirtschaft ein rotes Tuch, denn sie beweisen, dass ein Wald auch völlig ohne Pflege stabil und gesund sein kann. Das klingt für Sie banal? Schauen Sie einmal in offizielle Verlautbarungen zum Thema Waldpflege im Internet oder den Hochglanzbroschüren. Dort behauptet die Forst- und Holzwirtschaft, nur durch Pflege seien artenreiche und robuste Ökosysteme zu erzielen. Der Amazonasregenwald beweist tagtäglich das Gegenteil, aber nicht nur der. Es gibt tatsächlich noch einige Reste von Buchenurwäldern, wie sie einst bei uns heimisch waren. Dazu müssen Sie allerdings etwas weiter reisen. In Rumänien oder der Ukraine treffen Sie auf erste Areale; der größte Buchenurwald wird aber im Nordiran geschützt. Im Jahr 2009 besuchte mich der damalige Forstchef, zuständig für 3000 Quadratkilometer unberührte Wildnis. Dort können Wissenschaftler die Funktionen dieses Ökosystems studieren, und genau hier sollten wir uns Anregungen für eine schonende Forstwirtschaft holen, denn naturgemäßes Wirtschaften heißt ja, so viel wie möglich an Urwaldprozessen zu nutzen.

Frühling im Urwaldreservat „Wilde Buche" in Hümmel. Die 200-jährigen Bäume bilden noch keinen echten Urwald, kommen diesem aber schon sehr nah.

Die Entdeckung der Langsamkeit

Da wäre zunächst die Langsamkeit. Der Baumnachwuchs steht in den ersten ein bis zwei Jahrhunderten wartend unter seinen Mutterbäumen und wächst dabei nur wenige Millimeter pro Jahr in die Höhe. Licht ist hier unten am Boden Mangelware, und deshalb sind Buchenurwälder auch sehr gut zu begehen. Nur etwa drei Prozent des Sonnenlichts dringen zu den Sämlingen vor, und deshalb müssen sie jedes Quäntchen nutzen. Das zwingt die Jungbuchen zu einem kerzengeraden Wuchs, denn wer mit seinem Leittrieb seitlich abbiegt, der wird von den Kameraden überwachsen und versinkt in Dunkelheit und Tod.

Wer nicht gerade wächst, stirbt!

Sturmwürfe oder Feuer gibt es hier nicht, nur ab und an stirbt einer der Riesen den Alterstod und reißt im Fallen eine kleine Lücke in den Wald. Das hier einfallende Licht ist die Chance für halbwüchsige Bäume, die nun einen Wachstumsschub bekommen und endlich ihre Endhöhe erreichen können.
Das stetige Dämmerlicht am Boden, das weitgehende Fehlen von Kräutern und Gräsern macht einen Urwald für Pflanzenfresser unattraktiv. Daher kommen hier nur wenige Rehe pro Quadratkilometer vor; Hirsche fehlen in der Regel ganz. Bei uns dagegen drängeln sich rund 50 Rehe und je nach Gegend noch 10 und mehr Hirsche auf der gleichen Fläche, die jeden Laubbaumnachwuchs schon im Keim abfressen.

Zweig einer kleinen Buche, die im Schatten ihrer Mutter extrem langsam wächst. Jeder Knoten steht für ein Jahr, sodass allein dieses Teilstück etwa 15 Jahre alt ist.

Viele Hirsche und Rehe würden verhungern!

Bäume können im Urwald sehr alt werden. Die Buche, deren Höchstalter in Mitteleuropa sehr schwankend mit 200 bis 300 Jahren angegeben wird, legt hier locker noch einmal Jahrhunderte drauf. Die hohen Holzvorräte (bis 1000 Festmeter pro Hektar), die zusätzliche Biomasse in Form von Totholz und Humus (das entspricht noch einmal der Menge von 1000 Festmetern) halten viel

Feuchtigkeit fest, die in heißen Sommern dosiert wieder abgegeben wird. Dadurch bleibt das Bestandesklima konstant kühlfeucht, so wie es die Bäume lieben. Selbst ein Rekordsommer wie der des Jahres 2003 kann so einen Wald nicht schrecken.

So einen Wald erschreckt kein Extremsommer!

Auch für die Tierwelt sind solch stabile Verhältnisse ein Segen. Die tausende Kleinstlebewesen des Bodens, die Insekten und Vögel können über viele Generationen hinweg ihre Reviere besetzen, Nachwuchs erzeugen und ihren Teil zum Naturhaushalt beitragen. Wenn Sie die positiven Eigenschaften des Urwalds auf Ihre Parzelle übertragen möchten, so beginnt dies mit der Baumartenwahl. Liegt das Grundstück, wie rund 80 Prozent Mitteleuropas, im ehemaligen Buchenurwaldareal, so sollte es die Buche mit ihren Begleitbaumarten (Ahorn, Eiche, Weißtanne, Hainbuche etc.) sein. Zweiter Punkt ist das Dämmerlicht. Urwaldnah zu arbeiten heißt, den Wald so dunkel wie möglich zu lassen, und das geht nur, wenn Sie sehr wenig Holz nutzen. Genau hier ist der Knackpunkt der ökologischen Waldwirtschaft: Sie können noch so umweltfreundlich wirtschaften, und dennoch bedeutet jede Baumfällung eine Störung der natürlichen Abläufe. Die Kunst besteht darin, diese Störungen so gering wie möglich zu halten und dennoch auskömmliche Erträge zu erhalten. Wo genau diese Balance zu suchen ist, das weiß heute lei-der noch niemand. Genau deshalb ist es so wichtig, Urwaldreservate auch bei uns einzurichten, damit wir abschauen und lernen können.

Lernen von Urwaldreservaten

Es gibt aber einige Hinweise, wo diese Balance liegen könnte. Zum einen ist es das Bewirtschaftungsmodell Plenterwald, welches im Waldaufbau einem Urwald schon recht nahe kommt. Kleine Bäume wachsen hier unter ihren Eltern und erhalten die nötige Zeit, in Ruhe auszureifen und wachsen sehr gerade. Von Zeit zu Zeit werden vereinzelt einige ältere Bäume gefällt, was dem Zusammenbruch von Altbuchen im Urwald entspricht. Lediglich die Biomasse, der Holzvorrat pro Hektar liegt deutlich unter dem des wilden Vorbilds; zudem fehlt die Altersphase der Bäume. Die Stadt Lübeck hat das Plentermodell dahin gehend modifiziert, dass sie die Holzvorräte pro Hektar fast auf Urwaldniveau ansteigen lässt und dann erst nennenswert Holz nutzt. In meinem Revier kombinieren wir das Plentermodell mit Reservaten, in denen auf 15 Prozent der Gesamtfläche 200 Jahre alte Buchen ungestört vor sich hin wachsen dürfen. Damit versuche ich, alle Aspekte eines Urwalds abzudecken und auf dem Großteil der Fläche dennoch gewinnbringend zu wirtschaften. Aber beobachten Sie den Wald doch einfach selbst, denn noch weiß niemand nichts Genaues!

Ein Urwald enthält bis zu 200 Festmeter Totholz je Hektar.

Ab jetzt wird
in die Hände
gespuckt –
Die Praxis

Saat und Pflanzung

Wenn Bäume sich an Ort und Stelle selber aus- säen, nennt man das Naturverjüngung. Diese Sämlinge wachsen besonders gut, unterscheidet sie doch nichts von ihren wilden Urwaldkolle- gen. Wenn Sie Glück haben, stehen in Ihrem Wald sogenannte autochthone Bestände.

Autochthon

Als autochthon (=einheimisch) werden Bäume bezeichnet, die sich im Laufe der Jahrtausende ohne Zutun des Menschen auf einem Standort angesiedelt haben. Es sind gewissermaßen die Ureinwohner des Waldes. Damit können nur Arten der natürlichen Vegetation autochthon sein, wie etwa die heimischen Laubhölzer. Da sich innerhalb einer Art verschiedene Rassen ent- wickelt haben, etwa auf der Schwäbischen Alb oder im norddeutschen Tiefland, gilt als autochthon streng genommen nur der lokale Waldbestand, der schon seit vielen Generationen ununterbrochen an Ort und Stelle fortbesteht. Pflanzen Sie etwa Buchen aus dem Sauerland in Brandenburg, so gilt für die Setzlinge dieses Prädikat nicht mehr. Und da vor zweihundert Jahren ein Großteil der mitteleuropäischen Wälder verschwun- den war und erst später wieder aufgeforstet wurde, ist klar, dass echte autochthone Waldbestände Raritäten sind und erhalten werden müssen.

Es handelt sich dabei um direkte Nachfah- ren der früheren Urwaldbäume, die sich in einer ununterbrochenen Generationenkette bis heute erhalten haben. Autochthone Bäume sind des- halb so wertvoll, weil sie sich genetisch exakt an das Fleckchen Erde, auf dem sie stehen, ange- passt haben. Daher gelten sie als besonders robust. Trockenheit, Sturm oder Schädlinge kön- nen ihnen wenig anhaben, und damit sind sie gleichzeitig die idealen Kandidaten für die Forst- wirtschaft. Es gibt auch eine moralische Verant- wortung für diese letzten Mohikaner: Ihr gene- tisches Erbe sollte für die Nachwelt erhalten bleiben. Um in bewirtschafteten Wäldern dieser Art junge Bäume nachzuziehen, kommt nur die Naturverjüngung infrage.

Wie können Sie autochthone Bestände iden- tifizieren? Ganz eindeutig geht das leider nicht, aber es gibt starke Indizien. So können Sie sich über das Internet oder den Versandhandel eine alte Karte Ihrer Gegend besorgen. Schon vor zweihundert Jahren wurde überraschend genau kartiert. So etwa das Rheinland in der Zeit zwi- schen 1801 und 1828 durch die Militärgeografen Tranchot und Müffling, die akribisch jeden Tüm- pel, jede Kate und jedes Feldgehölz zeichneten. Was damals als alter Laubwald dargestellt wurde, ist mit hoher Wahrscheinlichkeit ein autochtho- ner Bestand, denn die Bäume müssen ja ein- bis zweihundert Jahre früher entstanden sein, und im 17. oder 18. Jahrhundert wurde kein Saat- gut quer durch Europa transportiert, um Wälder anzulegen. Sie sind aus Naturverjüngung ent- standen, und sofern auch heute noch an Ort und Stelle ältere Laubbäume stehen, darf man Ihnen zu Ihren Eingeborenen gratulieren.

Manchmal finden sich Hinweise in örtlichen Chroniken, die in den letzten Jahren ehrenamt- lich für viele Gemeinden erstellt wurden. Meist enthalten sie einen Abschnitt zum Wald oder zumindest Erwähnungen von Forstbereichen, in denen die Bauern über den Winter gearbeitet haben.

Naturverjüngung ist auch immer dann sinnvoll und möglich, wenn die Altbäume Ihrer oder der benachbarten Parzellen der Art entsprechen, die Sie gerne nachziehen würden. Die Samen werden gratis durch Wind oder Eichelhäher geliefert, und es wächst nur dort ein Schössling, wo die Bedingungen passen.

In vielen Fällen müssen Sie aber selber aktiv werden. Und zwar immer dann, wenn Sie die Baumart wechseln möchten oder grundsätzlich naturferne Zustände herrschen, wie etwa ein Kahlschlag oder eine aufzuforstende Wiese. Bevor Sie handeln, sollten Sie sich noch einmal ins Gedächtnis rufen, was ein junger Baum braucht, um sich wohl zu fühlen. Am liebsten wüchse er unter seinem Mutterbaum, im wohligen Schatten und mit stets feuchten Füßen. Wenn Sie also beispielsweise einen Fichtenbestand in einen Laubwald umwandeln möchten, so sollten Sie die Nadelbäume nicht durch einen Kahlschlag beseitigen. So etwas sehe ich in letzter Zeit sogar in Nationalparks immer wieder und es zeugt davon, dass die Verantwortlichen kein Verständnis von den natürlichen Prozessen haben.

Es ist viel besser, den Altbestand durch die Entnahme von einzelnen Bäumen ein wenig aufzulichten. In diese kleinen Lücken, nicht größer als eine Baumkrone im Durchmesser, säen oder pflanzen Sie die gewünschte Art. Der Baumnachwuchs fühlt sich im Schatten seiner „Stiefeltern" viel wohler als auf der Freifläche und dankt die Rücksichtnahme mit besserem Wachstum. Zudem produzieren die Altbäume ja weiter Holz – und damit auch Einnahmen. Diese Methode nennt sich Voranbau, weil der künftige Wald sozusagen schon im Vorgriff installiert wird.

Wenn Sie die Wahl zwischen Saat und Pflanzung haben, dann säen Sie! Denn damit imitieren Sie natürliche Abläufe, denn der Sämling kann

Die letzten Mohikaner – autochthone Bestände!

Bucheckern an einer autochthonen Buche warten auf ein neues Zuhause – vielleicht in Ihrem Wald?

Eicheln lassen sich aufgrund ihrer Größe besonders gut einsammeln. Vielleicht helfen Ihnen ja auch Jugendliche aus der Nachbarschaft gegen ein kleines Taschengeld.

Pollenwolken über Nadelwald

Blüten mit Nektar sollen Insekten
anlocken. Damit ist klar, dass die
Roßkastanie kein typischer Waldbaum ist.

Keine flotten Bienen – und trotzdem Nachwuchs

Wenn im Frühjahr gelbe Staubwolken durch die Wälder wabern, blühen die Bäume. Sie setzen bei der Bestäubung auf den Wind, denn Bienen und Hummeln sind hier kaum anzutreffen. Für sie ist der Urwald ein ungastlicher Ort. Es herrscht ein immerwährendes Dämmerlicht, in dem Blütenpflanzen nicht gedeihen. Und da Buchen und Eichen nach jeder Blüte mehrere Jahre Pause machen, wäre Nahrung für die fleißigen Helfer Mangelware. Bäume des Waldrandes, wie Kirschen oder Vogelbeeren, können dagegen auf bestäubende Insekten zählen und haben daher hübsche, nektargefüllte Blüten.

Wind statt Bienen!

Im Urwald bleibt also nur der Wind. Und da keine Bienen angelockt werden müssen, wird kein lieblicher Duft verströmt, noch gibt es optische Highlights. Die Kraft wird in schiere Menge investiert. Denn damit eine solche Befruchtung erfolgreich verläuft, braucht es Unmengen an Pollen. Dafür trennen die meisten Arten ihre Befruchtungsorgane nach Geschlecht. Die männlichen produzieren den Pollen, und zwar 10.000 bis 50.000 Stück je Blüte. Die weiblichen Organe warten, bis ein Lüftchen das passende Korn vorbeiträgt, fangen es mit ihrem Stempel ein – das war's.

Viel hilft viel!

Für Sie ist so ein Schauspiel auf zweierlei Wegen zu beobachten: Entweder an Ihren Schuhen, auf denen sich der gelbe Staub beim Gang durch das Laub ablagert, oder von Ferne, wenn ein Windstoß durch ein Waldgebiet jagt und große Pollenwolken aufsteigen lässt. Viel mehr werden Sie nicht entdecken, denn die unscheinbaren, meist grünen Blüten befinden sich hoch oben in den Kronen.

Über den Sommer reifen die Samen und werden immer schwerer – so schwer, dass bei reichlichem Behang auch schon einmal dicke Kronenäste abbrechen können. Die kleinen Kraftpakete enthalten bis zu 50 Prozent Öl, damit die Sämlinge im kommenden Frühjahr rasch durchstarten können. Diese Nährstoffausstattung macht die Früchte für viele Tiere attraktiv, etwa für Wildschweine. Sie fressen sich mithilfe von Bucheckern und Eicheln eine dicke Fettschicht für den Winter an. Das machten sich frühere Bauerngenerationen zunutze, indem sie auch die Hausschweine im Herbst in den Wald trieben, um sie zu mästen. So waren die Tiere bei der winterlichen Schlachtung schön fett – damals ein Gütemerkmal. Aus dieser Zeit stammt auch der Fachausdruck für ein reichliches Fruchten von Buchen und Eichen: man spricht von „Mastjahren".

Die Waldkiefer entlässt aus ihren Blüten riesige Staubwolken, die der Wind zu den Nachbarbäumen trägt. Insekten sind hier überflüssig.

Mastjahre - ein Fressen für die Wildschweine!

Und genau hier liegt auch einer der Gründe, warum die Bäume nicht jedes Jahr blühen: Sie möchten den tierischen Nutzern keine Gelegenheit geben, sich auf regelmäßige Futtergaben einzustellen. Dadurch wird die Population von Wildschweinen und Rehen niedriger gehalten, und wenn dann ein Mastjahr kommt, so können die wenigen Tiere gar nicht alles auffressen.

Der zweite Grund für die mehrjährige Pause ist die enorme Kraftanstrengung, die die Bildung von Bucheckern und Eicheln bedeutet. Rund zwei Drittel der Energie fließt in die Samenbildung, was sich auch in den Jahresringen bemerkbar macht – sie werden in dieser Saison nicht so breit. Der Baum wächst spürbar langsamer, und das kann er sich nicht ständig leisten. Die Konkurrenz schläft schließlich nicht.

seine Wurzeln ungestört in den Boden senken, ohne dass er, wie in der Baumschule, später noch einmal ausgehoben wird. Aus Sämlingen werden genauso stabile Bäume wie aus Naturverjüngung, was man von gepflanzten Exemplaren nicht sagen kann. Doch dazu später mehr.

Gegen die Saat spricht nur eine Gefährdung durch Tiere. Wildschweine suchen die Fläche systematisch nach verborgenen Eicheln oder Bucheckern ab, während sie kleine Samen, etwa die der Birke oder Tanne, nicht interessieren. Lugen die Keimlinge dann aus dem Boden, machen sich Rehe oder Hirsche darüber her. Und da die Bäumchen viel kleiner starten als Baumschulpflanzen, sind sie auch länger gefährdet. Denn die gekauften Setzlinge sind ja schon 50 Zentimeter groß, wenn sie in den Wald kommen – das ist ein Vorsprung von durchschnittlich zwei bis drei Jahren. Erst ab einer Höhe von zwei Metern endet das Risiko, und wenn der Wildbestand zu hoch ist,

kann das den entscheidenden Unterschied ausmachen. Ist der Ansturm von Reh und Co. so groß, dass ihnen nichts entkommt und ein Schutzzaun gebaut werden muss, dann macht die Saat wieder Sinn.

Samen selbst sammeln?

Woher bekommen Sie die Samen? Die einfachste Möglichkeit ist das Einsammeln im eigenen Wald. Steht irgendwo ein Altbaum der passenden Art, so können Sie im Herbst ernten und Ihre Ausbeute gleich auf der neuen Parzelle ausstreuen. Das ist allerdings nur im eigenen Betrieb zulässig. Sobald das Saatgut von fremdem Eigentum stammt, greift das Forstvermehrungsgutgesetz. Es erlaubt die Ernte für das Inverkehrbringen nur von anerkannten Saatgutbeständen. Somit bleibt nur der Zukauf von Samen aus genehmigtem Handel.

Aus den Winterverstecken der Tiere wachsen im Frühjahr neue Bäumchen heran. Hier hat eine Maus ihr Depot nicht angetastet – vielleicht wurde sie von einem Fuchs gefressen.

Mit einem Pflanzstock säen Sie wie ein Eichelhäher.

Das Material ist beschafft, und nun kann's losgehen. Ihre Flächen brauchen Sie nicht vorzubereiten. Manche Forstbetriebe lassen Reisig und Oberboden mittels Planierraupe abschieben, damit es sich angenehmer arbeitet. Machen Sie das nicht – der Boden wird dadurch schwerst geschädigt, verliert Nährstoffe und Wasserspeicherfähigkeit.

Kleine Samen, wie die von Nadelbäumen, Birken oder Erlen, können Sie einfach ausstreuen. Eicheln und Bucheckern mögen es hingegen, ins Erdreich gesteckt zu werden - so kennen sie es von Eichelhähern oder Mäusen. Ist Ihnen die ständige Bückerei zu anstrengend, so können Sie zu einem Pflanzstock greifen. Das ist ein Rohr mit einem Griff. Wird dieses in den Boden gesteckt, können Sie von oben eine Eichel hineinfallen lassen.

Ordentliche Reihen brauchen Sie nicht. Säen Sie einfach dorthin, wo ein bisschen Platz ist, denn so macht es die Natur ja auch. Und da Samen viel billiger sind als Pflanzen, aber auch mehr Ausfälle haben, dürfen Sie im Zweifelsfall ruhig etwas großzügiger sein. Was später an Sämlingen zu viel ist, sortiert die Natur von selbst wieder aus.

Eine besonders schöne Methode wendet eine große Privatforstverwaltung an. Sie montiert auf etwa zwei Meter hohen Baumstümpfen Holzkisten. Dort hinein kommen Eicheln und Bucheckern, die zuvor im eigenen Wald gesammelt wurden. Das war's schon – den Rest erledigt die Natur. Eichhörnchen und Eichelhäher bedienen sich an dem freizügig angehäuften Futter und legen damit in der Umgebung der Kiste massenweise Wintervorräte an. Dabei werden immer nur wenige Samen im Boden vergraben, sodass anschließend tausende von Depots im Erdreich schlummern.

Bei einem Eichelhäher können es bis zu zehntausend solcher Stellen sein, die er sich mit sei-

Der Eichelhäher merkt sich bis zu 10 000 Wintervorratsstellen.

Samenbäume erhalten!

Wenn es im Wald oder auf einer Windwurffläche einzelne Birken, Eichen oder andere von Ihnen erwünschte Bäume gibt, sollten Sie sie unbedingt erhalten, auch wenn sie krumm und windschief sind. Denn ihre Samen liefern kostenlose Naturverjüngung, die viel besser wächst als jede Baumschulpflanze.

Auch wenn es nur knorrige Buchen sind: Als Samenbäume in einem Fichtenbestand leisten sie unbezahlbare Dienste.

Das schonende Ausheben eines Wildlings mit der Grabegabel.

Typische Spätfolge einer Pflanzung: Eine verbogene, verkrüppelte Wurzel,.

nem kleinen Vogelhirn merken kann. So viel kann er niemals fressen, die überreichliche Vorsorge hat aber noch andere Gründe. Da wären die Küken des nächsten Frühjahres, die ebenfalls mit den Resten der Wintervorräte gefüttert werden. Und dann sollen schließlich noch ein paar Eckern und Eicheln übrig bleiben, um Buchen- und Eichenwälder für kommende Vogelgenerationen wachsen zu lassen. Genau diese Reserve wächst nun auf Ihrer Waldfläche heran, denn durch den Aufstellungsort der Kiste steuern Sie auch den Schwerpunkt der Verstecke. Und natürlicher kann eine Saat nicht sein, denn hier stimmt einfach alles: Der Zeitpunkt, die Saattiefe und die Art der Verbreitung.

In vielen Fällen bleibt Ihnen aber gar nichts anderes übrig, als zu pflanzen. Sei es bei der Aufforstung einer Wiese oder einer Windwurffläche, sei es, weil die von Ihnen gewünschte Baumart nicht in der Nähe ist und sich selber aussamen kann - dann müssen Sie sich Setzlinge besorgen.

Und diese Methode ist wirklich die schlechteste der Alternativen. Schauen wir uns dazu

> **Ein gepflanzter Wald ist eine grüne Kolonne von Rollstuhlfahrern.**

einmal den typischen Werdegang so eines Baumschulabsolventen an. Zunächst kauft der Betrieb Samen aus staatlich anerkannten Saatgutbeständen. Deren Altbäume weisen besonders gute Eigenschaften auf: Sie sind gesund und besitzen makellose Stämme. Dieses Saatgut wird in Beete eingebracht, die wie Äcker gepflügt und gedüngt werden. Dementsprechend rasch wachsen die Schösslinge, und das sollen sie auch. Schließlich richtet sich der Verkaufspreis nach der Pflanzengröße, es zählt jeder Zentimeter. Während im natürlichen Wald der Nachwuchs für die ersten 50 Zentimeter manchmal 20 Jahre und länger braucht, erreichen die Baumschüler diese Höhe schon in der ersten Vegetationsperiode. Ihre Wurzeln tasten sich in alle Richtungen durch den Boden, aber das ist nicht erwünscht. Denn zum Verkauf müssen die Pflanzen wieder ausgehoben werden, und dabei würde der größte Teil der unterirdischen Triebe abreißen. Solche Setzlinge wachsen danach aber nicht mehr an und sterben schon nach wenigen Wochen ab.

Um dem entgegenzuwirken, werden einmal jährlich die Wurzeln gekappt oder unterschnitten, wie der Fachmann sagt. Das besorgt ein Traktor mit einem speziellen Unterschneidepflug, der rund 20 Zentimeter unter der Oberfläche alle Stränge kappt. Die Bäumchen reagieren darauf mit verstärkter Wurzelbildung im engen Umkreis um ihr Stämmchen – perfekt für den späteren Verkauf.

Die Pflanzenlieferung

Selten benötigen Sie Pflanzenzahlen im vierstelligen Bereich. Für Baumschulen sind das Peanuts, denn eine kleine Buche oder Eiche kostet kaum mehr als 50 Cent. Soll der LKW auch zu Ihnen kommen, so ordern Sie am besten beim örtlichen Forstamt oder Ihrem Waldbauverein im Rahmen einer Sammelbestellung. Vor dem Liefertermin sollten Sie einen Einschlag ausheben. Das ist ein kleiner Graben, in den die Setzlinge gestellt werden können und dann mit der Aushuberde

bedeckt werden. Der Grund: Die Wurzeln dürfen niemals austrocknen, sollten noch nicht einmal für zehn Minuten der Sonne oder dem Wind ausgesetzt werden, denn dann sind sie hinüber. Daher sollten Sie auch bei der Lieferung kontrollieren, ob die Bündel nicht während der Fahrt schon ausgetrocknet sind. Solche Ware sollten Sie reklamieren und die Annahme verweigern. Kontrollieren Sie auch, ob die Bäumchen genügend Feinwurzeln besitzen, denn nur damit können sie Wasser und Nährstoffe aufsaugen und entsprechend gut anwachsen.

Der Pflanzenlieferant kommt: Jetzt schnell in die Erde mit den Bäumchen, bevor sie austrocknen

Im Einschlag: Die Wurzeln sind unter der Erde. Besser wäre es gewesen, die Bündel vorher aufzuschneiden, damit alle Pflanzen gleichmäßig umhüllt werden.

Pflanzen mit dem „Göttinger Fahradlenker"

Das günstigste Werkzeug für eine einfache, sichere Handhabung ist der „Göttinger Fahrradlenker". Hier ist das Hackenblatt an einem Stab mit Fahrradlenker befestigt und kann rückenschonend im Stehen eingestochen werden. Da die Wurzeln nicht umgeknickt werden dürfen, muss das Hackenblatt länger als diese sein, damit der Pflanzspalt tief genug wird.

Korrekt ausgerüstet: Mit Tasche für die Pflanzen und einem Göttinger Fahrradlenker kann nichts schiefgehen.

Das Einstechen erfolgt durch Tritt auf die Fußraste.

Die Pflanze wird eingeschoben und zur Streckung der Wurzeln wieder ein wenig herausgezogen.

Nun noch ein zweiter Einstich dahinter, wobei das Blatt ein wenig Richtung Pflanze gedrückt wird...

... und dann wird noch festgetreten: fertig!

Hier sitzt die Pflanze nicht tief genug, denn der hellen Wurzelhals nebst einigen Feinwurzeln schaut heraus.

Einjährige Sämlinge aus der Baumschule mit unbeschnittenen Wurzeln: So kann man gerade noch pflanzen, ohne die Spitzen im Pflanzloch umzubiegen. Der linke Sämling ist in der Qualität grenzwertig, da er zu wenig Feinwurzeln hat

Die Jungspunde wachsen später im Wald prima, und niemand bemerkt, dass sie völlig verkrüppelt sind. Denn der Wurzelschnitt hat in etwa dieselbe Auswirkung, als würde man Ihnen die Beine amputieren. Ein Weiterleben wäre möglich, aber mit großen Einschränkungen. Den Bäumen ergeht es nicht anders. Ihre Beine, die Wurzeln, wachsen fortan nicht mehr in die Tiefe, und auch die Ausdehnung nach den Seiten ist begrenzt. Ein gepflanzter Wald ist prinzipiell nichts anderes als eine grüne Kolonne von Rollstuhlfahrern.

Zudem bedeutet auch der Akt der Pflanzung an sich eine weitere Schädigung. Die Wurzeln werden gequetscht, sobald das Erdreich nach dem Setzen festgetreten wird. Die Biegung, die sie dabei erhalten, bleibt zeitlebens bestehen.

Dadurch breitet sich der Wurzelteller oft nicht gleichmäßig nach allen Seiten aus. Prinzipiell gleicht ein solcher Baum einem Zelt, das nur einseitig abgespannt wird. Bei Stürmen reicht so eine mangelhafte Verankerung manchmal nicht mehr, und der Stamm stürzt zu Boden.

Und jetzt?

Was tun, wo Sie doch pflanzen müssen?

Sie können die Durchführung so gestalten, dass der Stress für die Setzlinge so gering wie möglich ausfällt. Und diese Gestaltung fängt schon bei der Auswahl der Bäumchen an. Vielleicht haben Sie ja in Ihrem Wald einen Bereich mit Naturverjüngung, wo die Bäumchen sehr dicht stehen. Mehr als ein Exemplar pro Quadratmeter ist nicht nötig, und wenn dort mehr Sämlinge wachsen, können Sie ohne schlechtes Gewissen ein paar ausheben. Dazu nehmen Sie eine Grabegabel und stechen sie eine Handbreit hinter die Pflanze in den Boden. Nun hebeln Sie die Gabel vorsichtig vor und zurück und ziehen das Bäumchen aus der gelockerten Erde. Bis 30 Zentimeter Größe lassen sie sich gut ausheben; größere Exemplare haben entsprechend weit auslaufende Wurzeln, die beschädigt werden könnten. Daher kommen sie oberhalb dieser Grenze nicht mehr infrage.

Eigene Pflanzen haben mehrere Pluspunkte: Sie gehören, genetisch gesehen, zur lokalen Rasse ihrer Art und sind das spezielle Klima auf Ihrer Parzelle schon von Geburt an gewöhnt. Zudem haben sie nie Dünger oder Pestizide bekommen und wurden nicht verwöhnt und üben auch auf Reh und Co. keine besondere Anziehungskraft aus. Ihre kleinen Knospen und Blätter konnten im Dämmerlicht unter den Elternbäumen kaum Nährstoffe tanken, schmecken bitter und sind zäh. Für diese sogenannten Wildlinge gelten übrigens die gleichen Einschränkungen wie für Saatgut: Sie dürfen nur aus Ihrem eigenen Forstbetrieb kommen. Ist dort nichts zu holen, müssen Sie zum Telefonhörer greifen und bei der nächsten Baumschule bestellen.

Es gibt dort verschiedene Sortimente. Die Bezeichnung besteht aus zwei Zahlen, die sich wie folgt lesen: 1+2 bedeutet, dass die Pflanze ein Jahr im Saatbeet stand, danach unterschnitten, evtl. sogar versetzt wurde und noch zwei Jahre weiter gewachsen ist. Ihr Gesamtalter ist demnach drei Jahre. Die zweite Zahlenkombination gibt die Größe an, also etwa 50-80 = 50 bis 80 Zentimeter.

Für einen sanften Start in Ihrem Wald sollten Sie das kleinste Sortiment wählen: 1+0, 30-50. Das sind einjährige Sämlinge, die nicht versetzt wurden (daher die null), und die nicht größer als 50 Zentimeter sind. Wollen Sie nicht unterschnittene Pflanzen geliefert bekommen, so müssen Sie dies ausdrücklich dazusagen und am besten schon im Sommer so bei der Baumschule bestellen, denn im Herbst werden ansonsten alle Pflanzen wie gewohnt gekappt. Das kleine Sortiment bringt zwei Vorteile: Die Pflanzen haben ein intaktes Wurzelsystem, welches aufgrund des geringen Alters noch nicht so groß ist und sich deshalb vollständig aus den Beeten der Baumschule ausheben lässt. Damit passt es auch in Gänze in das auszuhebende Pflanzloch, ohne dass sich die Wurzelspitzen umbiegen. Würde das passieren, so könnte der Baum nicht mehr in die Tiefe vordringen, sondern bliebe mit den Ausläufern dicht unter der Oberfläche und würde so zu einem Flachwurzler.

„Und wie viel darf's sein?"

Die Stückzahlen pro Hektar sind maßgeblich für Ihren Erfolg. Pflanzen Sie zu wenig, wachsen die Bäume in die Breite und bilden keine wertvollen Stämme, pflanzen Sie zu eng, wird es schlicht und ergreifend zu teuer (ansonsten ergeben sich keine Nachteile). Die folgenden Faustzahlen (pro Hektar) geben Ihnen eine Entscheidungshilfe.

Für **alle Eichenarten** verwenden Sie 6000 Stück, bei **Ahorn und Esche** reicht bereits die Hälfte. Denken Sie bei Eschen an Pflanzen aus pilzresistenten Beständen!

Kirsche, Vogelbeere und Elsbeere sind Rosengewächse, die Sie bitte nicht im Reinbestand pflanzen, da sich sonst schnell Krankheiten ausbreiten. Bei 1000 Stück als Beimischung pro Hektar ist hier Schluss; die Lücken sollten Sie mit anderen Laubhölzern auffüllen.

Buchen und Weißtannen fühlen sich im Schatten am wohlsten, daher pflanzt man 2000 Stück (oder, falls Sie mischen wollen, je 1000) zusammen mit 1000 Birken. Diese wachsen schneller und setzen sich über die Jungbuchen und -tan-

nen: eine schöne Kombination, vor allem, weil sich aus der Birke dann schon nach 20 Jahren Brennholz gewinnen lässt. Soll die Birke erst einmal alleine wachsen, so müssen es 2000 Stück sein. Dann können Sie nach Jahren immer noch Buchen oder Weißtannen nachsäen oder -pflanzen.

Die genannten Zahlen sind die Untergrenze, aber die Natur liefert ja auch noch einiges an Jungbäumen dazu.

Zur Pflanzung verwenden Sie am besten Hacken mit einem Blatt, das länger als die Wurzeln ist. In den Boden getrieben und ein wenig zurückgehebelt ergibt sich so ein Spalt, in den Sie die Wurzeln komplett einführen können, ohne sie umzuschlagen. Danach wird hinter den Spalt erneut eingestochen und durch eine Vorwärtsbewegung der Pflanzspalt wieder zugedrückt.

Im Zudrücken ziehen Sie die Pflanze noch ein paar Zentimeter nach oben, um die Wurzeln endgültig gerade auszurichten. Dabei darf der Wurzelhals, erkennbar an der hellen Rinde, hinterher nicht aus der Erde lugen, denn er verträgt keine Trockenheit. Sie sehen, das Pflanzloch muss also etwas tiefer sein als die Wurzeln lang sind, damit Sie dieses Strecken und gleichzeitig tief genug setzen überhaupt bewerkstelligen können.

Sind die Bäumchen gepflanzt, gibt es für die nächsten Jahre nichts mehr zu tun. Begleitflora in Form von Ginster, Holunder sowie Kräutern und Gräsern brauchen Sie nicht zu bearbeiten, solange man den Setzling noch von oben sehen kann. Ganz im Gegenteil bewirken die anderen Arten gerade auf Freiflächen wie ehemaligen Wiesen oder Windwürfen eine Beschattung und einen Windschutz, was das Anwachsen sehr begünstigt. Einzig ein Schutz gegen Wildfraß kann erforderlich werden, doch dazu mehr im „Armel hochkrempeln".

Die Begleitflora hindert nicht, sondern schützt.

Bestandespflege

Sind die jungen Bäume schon mehrere Meter hoch, aber noch zu dünn, um Nutzholz zu ernten, so spricht man von einem Jungbestand. Diese Phase dauert je nach Baumart zwanzig bis dreißig Jahre, und so ist es kein Wunder, dass Generationen von Förstern die verschiedensten Pflegemodelle entwickelt haben, um die Bestände weiter zu bringen. Um es gleich vorweg zu nehmen: Bis auf wenige Ausnahmen ist das völlig überflüssig. Die eigentliche Erklärung liegt darin, dass eine ganze Generation untätig die Hände in den Schoß legen müsste und den Bäumen bloß beim Wachsen zuschauen könnte. Das ist für Waldbesitzer und Förster schwer zu ertragen – ohne Pflege muss es dem Wald doch schlecht gehen!

Wie schlecht es dem Wald mit Pflege geht, habe ich zu Beginn meiner Revierleitertätigkeit selber erfahren. Damals galt die Parole: Es wird sehr dicht gepflanzt (5000 Bäume je Hektar), damit sich die Kultur rasch schließt und die Bäumchen durch die gegenseitige Beschattung nicht zu dicke Seitenäste bekommen. Denn dicke Äste wirken sich später beim Verkauf der reifen Stämme stark preismindernd aus. Wenn die Pflanzung etwa acht Meter hoch ist, muss ausgedünnt werden. Ansonsten, so die Theorie, würden sich die Bäume gegenseitig behindern und nicht so schnell dick werden. Also wies ich als junger Förster meine Waldarbeiter an, in Fichtenbeständen jede dritte Reihe wieder zu entfernen. Die verbleibenden Bäume erhielten so tatsächlich mehr Licht aber, oh Wunder, die Seitenäste wurden in den folgenden Jahren ebenso rasch dick. Genau das hatte ja die dichte Pflanzung verhindern sollen.

Dem Wald geht es mit Pflege schlechter!

Ein anderes Aha-Erlebnis bescherte mir eine Buchenkultur. Sie wurde 1991 auf eine Sturmwurffläche gepflanzt; der vormalige Fichtenbestand war von Orkan Wiebke vollständig geworfen worden. Buchen pflanzt man nicht mehr auf Freiflächen, weil sie den Schatten älterer Bäume brauchen. Damals war das aber noch nicht so richtig klar, und demnach setzte ich die Planung des Forstamtes entsprechend um.

Die jungen Buchen wurden in den Folgejahren von Birken überholt, die sich von selber angesiedelt hatten. Schon bald standen die teuer bezahlten Setzlinge im Schatten dieser ungewollten Baumart. Nach drei Jahren ließ ich auch hier die Waldarbeiter anrücken. Der Auftrag lautete: die Birken müssen weg. Um Kosten zu sparen, wurde die Konkurrenz nur über den Buchen zurückgeschnitten; zwischen den Pflanzreihen ließen wir den Wildwuchs stehen. Mitten in der Maßnahme kamen mir dann doch Bedenken, und da es damals kaum Informationen zur ökologischen Wirtschaftsweise gab, ließ ich Versuchshalber die zweite Hälfte der Kulturfläche unbehandelt. Zum Glück. In den Folgejahren sah man, dass in heißen Sommern die freigestellten Buchensetzlinge regelrecht litten. Die pralle Sonne verbrannte das empfindliche Laub und trocknete den Boden aus. Dort, wo die Birken stehen geblieben waren, ging es den Jungbuchen sichtbar besser. Sie waren gesund und wuchsen vor allem schön gerade nach oben, weil sie sich ja nach dem Licht strecken mussten.

Fortan stellte ich jede Art von Jungbestandspflege ein. Inzwischen (nach weiteren 15 Jahren) stehen die Birken übrigens wieder hoch über den damals freigestellten Buchen; sie schlugen neu aus und bieten der Pflanzung den benötigten Schatten.

Damit können die Setzlinge, die mittlerweile auch schon fünf Meter hoch sind, in einem Waldklima aufwachsen. Der Schatten, die hohe Luftfeuchtigkeit und der gute Humus schaffen beste Voraussetzungen für gute Baumqualitäten.

Eine Reihe von Jahren haben die staatlichen Forstverwaltungen die Jungbestandspflege ähnlich kritisch gesehen wie ich. Doch neuerdings taucht diese Maßnahme wieder aus der forstlichen Mottenkiste auf. Lassen Sie sich als Waldbesitzer bitte nicht von der Notwendigkeit einer Stammzahlreduzierung überzeugen. Denn die frühzeitige Freistellung der Elitebäume bringt ihnen nicht nur dicke Äste, sondern auch breite Jahresringe. Und genau die möchte das Sägewerk nicht an einem Stamm sehen. Feinringiges Holz hingegen, höchstens mit dünnen Ästchen durchsetzt, ist gut zu verkaufen. Das erhalten Sie aber nur, wenn die jungen Bäume entweder im Schatten ihrer Eltern aufwuchsen (das ist der Idealfall) oder sich gegenseitig beschattet haben.

Jungbestandspflege kostet Zeit und Geld und wertet den Bestand ab. Es gibt nur zwei Ausnahmen: Wenn Sie seltene Baumarten in dem Jungwuchs haben, etwa Kirschen in einem Fichtenmeer, und diese unterzugehen drohen, dann können Sie die Nachbarn der Raritäten entfernen, um ihnen etwas Platz zu schaffen. Besonders gerade gewachsene Bäume können Sie asten, um deren späteren Erntewert deutlich zu erhöhen. Ansonsten schauen Sie Ihrem Wald einfach beim Wachsen zu und fahren von dem Ersparten lieber in Urlaub.

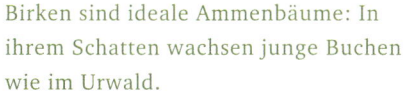

Birken sind ideale Ammenbäume: In ihrem Schatten wachsen junge Buchen wie im Urwald.

Mit einer scharfen Stangensäge werden im Sommer die Äste bis auf 5,50 Meter Höhe abgesägt.

Astung

Kennen Sie den Ausspruch: „Das ist astrein"? Er stammt ursprünglich aus der Holzwirtschaft und beschreibt besondere Stämme. Ihr Holz ist frei von Asteinschlüssen und ist damit völlig makellos und gleichmäßig. Dafür werden höchste Preise bezahlt, denn dieser Rohstoff wird mittels Messermaschinen zu millimeterdünnen Furnierblättern geschnitten, mit denen dann Möbel beklebt und optisch aufgewertet werden. Aus einem Kubikmeter Holz lassen sich bis zu 1000 m² Furniere erzeugen.

Ein paar Nachbarbäume werden mit der Axt entfernt.

Wichtig: Nicht den Astring beschädigen, sonst fault der Stamm!

Wertvolles Furnierholz durch Astung

Von Natur aus verlieren Bäume mit zunehmender Höhe die unteren Äste, denn wenn es zu dunkel wird, sterben diese im Schatten der Krone ab. Dabei kann es noch viele Jahre dauern, bis sie endgültig abfallen. In dieser Zeit schiebt sich der dicker werdende Stamm über die Stummel und schließt sie ein. Bis sie endgültig verschwunden sind, ist das neu gebildete Holz wertgemindert, denn aus hiervon gefertigten Brettern fallen die Aststücke heraus – und wer mag schon gerne Löcher im Tisch!
Da können Sie nachhelfen: Sägen Sie bei den 20 schönsten (besonders geraden, kräftigen) Exemplaren die abgestorbenen Äste ab.

Der richtige Zeitpunkt ist dann gekommen, wenn diese Totastzone die unteren sechs Meter betrifft und erst darüber die grüne Krone beginnt. Altersmäßig tritt dieser Zeitpunkt um das Alter 20 ein. Sie sollten mindestens bis 5,50 Meter hoch asten, denn heutige Standardsortimente sind 5,10 Meter lang, und so sind Sie oder Ihre Nachfahren bei der späteren Ernte immer auf der sicheren Seite. Sollte doch einmal noch ein grüner Ast innerhalb dieser Zone sein, so können Sie ihn problemlos mit entfernen. Bis zu einem Drittel der unteren grünen Krone gelten als unbedenklich, aber im Zweifelsfall warten Sie lieber einfach noch ein paar Jahre ab.

Abwarten lohnt sich!

Als Werkzeuge kommen Stangensägen mit vier Meter Länge in Betracht. Das Sägeblatt muss scharf sein und weist im Idealfall am unteren Ende ein kleines Stoßmesser auf. Damit können Sie grüne Äste von unten einkerben. Dadurch reisst keine Rindenfahne aus dem Stamm, wenn Sie den Ast von oben absägen und dieser bricht, bevor der Schnitt zu Ende geführt wurde.

Grüne Äste sollten Sie nur im Sommer (Juli bis September) entfernen, damit der Baum die Wunde gut verschließen kann. Tote Äste können Sie das ganze Jahr über entfernen. Achten Sie in beiden Fällen darauf, den Astring, die Übergangsstelle zum Stamm, nicht zu beschädigen, denn dieser Ring ist für die Reparatur der Wunde zuständig. Ohne ihn führt die Sägeaktion zu einer Fäule, die das ganze Holz entwertet.

Sägen oder stoßen Sie auch kleinste Ästchen ab, denn wenn diese am Stamm bleiben, so wird es nichts mit dem Furnierholz, denn diese Ästchen zeigen sich auf den geschnittenen Holzblättern als schwarze Punkte.

Auch kleinste Ästchen müssen weg!

Nach der Astung werden die Bäume freigestellt, das heißt, Sie fällen einige Nachbarn, damit die Krone ausreichend Platz bekommt. Am Besten nehmen Sie dazu eine Axt, denn gerade im Sommer kann es sehr unangenehm sein, in einem dichten Jungbestand voller Motorsägenabgase zu stehen.

Ist dieses Freistellen nicht auch eine Art Jungbestandspflege? Ja, sicher, aber das wird ja nur an 20 Bäumen durchgeführt, mit denen Sie Besonderes vorhaben. Der große Rest bleibt unberührt, wird durch die Natur kräftig ausgesiebt und darf bis zur ersten Durchforstung vor sich hin wachsen.

Welche Baumarten eignen sich? Es sind vor allem Edellaubhölzer, also Kirsche, Esche, Ahorn, Els- und Vogelbeere, die infrage kommen. Daneben können Sie auch Eichen, Buchen, Lärchen oder Douglasien asten. Außer in echten Plenterwäldern ist die Astung von Fichten oder Kiefern nicht zu empfehlen, da bei diesen beiden Baumarten große Jahresringe, wie sie bei Hölzern aus Altersklassenwäldern auftauchen, ungern gekauft werden.

Nach der Astung sollten Sie dem Baum, so er in einem gleich alten Bestand steht, ein wenig Platz verschaffen, indem Sie zwei, drei Nachbarn entfernen. Das ist in diesem Alter gut mit einer Axt zu bewerkstelligen und hat den Vorteil, dass Sie im heißen Sommer keine warme Sicherheitskleidung tragen müssen. Lediglich eine Brille gegen herabfallende Sägespäne ist notwendig.

So kann der geastete Baum, hier eine Birke, einen dicken, astreinen Stamm bilden.

Durchforstung

Jede Form der Holzernte, die nur einzelne Bäume entnimmt, nennt man Durchforstung. Sie beginnt, sobald das erste verwertbare Holz geerntet werden kann. Bei der Erstdurchforstung sind dies naturgemäß nur dünne Stämmchen, die Sie sich als Waldbesitzer für den eigenen Ofen aufarbeiten oder aber an die Spanplatten- oder Papierindustrie verkaufen können.

Zunächst möchte ich noch einmal wiederholen: Ein Wald braucht nicht gepflegt zu werden. Mit dem Absägen von Bäumen helfen Sie nicht der Natur, denn die hat über Jahrmillionen bestens bewiesen, dass sie das ganz alleine schafft. Ob sie dabei Ihre Ziele im Auge behält, ist allerdings fraglich. Dicke Stämme, schnelle Rendite – das kann sich um Jahrhunderte in die Zukunft verschieben, und so lange kann und möchte kaum jemand warten. Zudem sind unsere künst-

Ein über 50 Jahre nicht durchforsteter Buchenbestand im Forstamt Lübeck – völlig unproblematisch!

lichen Wälder umso instabiler, je naturferner sie sind. Eine Laubwaldpflanzung brauchen Sie nach dem Setzen der Bäume nie wieder zu betreten, und es wird dennoch ein prächtiger Altbestand daraus. Hier funktioniert die natürliche Auslese noch, dünnen sich die zahlreichen Exemplare selber aus und bilden später stabile Einheiten.

Bei Fichten- oder Kiefernkulturen sieht das schon ganz anders aus. Sie wachsen schnell empor, und wenn man sie nun nicht ausdünnt, so werden es Wackelkandidaten, die irgendwann komplett umstürzen, ähnlich einem Getreidefeld im Gewitterregen.

Pflege, ob in Laub- oder Nadelwäldern, dient immer nur dem Erreichen menschlicher Vorgaben. Und da wir nun mal nicht so alt wie Bäume werden, hält sich unsere Geduld in Grenzen. Zumindest erste Erfolge in Bezug auf Holzertrag und Einnahmen soll es noch zu Lebzeiten geben.

Mit dem Eingreifen, der Entnahme von einzelnen Bäumen, wird den verbleibenden Exemplaren mehr Raum gegeben, so dass sie ihre Krone ausdehnen können. Die Krone ist der Motor des Holzwachstums – je größer, desto schneller wird der Stamm dick. Zudem legen die Wurzeln im selben Maß zu und die Bäume werden stabiler, vor allem gegen Sturm.

Bei Fichten- oder Kiefernkulturen sieht das schon ganz anders aus. Ein ebenfalls 50 Jahre nicht durchforsteter Fichtenbestand – Windwurf vorprogrammiert!

Der größte Vorteil einer Durchforstung liegt in der Lenkung des Holzzuwachses auf die wertvollsten Stämme. Während es der Natur egal ist, ob gerade oder krumme, astfreie oder astige Stämme groß und alt werden, möchte jeder Waldbesitzer nur bestes Holz erzeugen. Daher werden schlechte Qualitäten gefällt und machen Platz für die fehlerfreien Kandidaten, die nun ihre Kronen verbreitern können und entsprechend Gas geben. Solche Pflege macht sich später bezahlt, denn hochwertiges Holz kann das bis zu 20-fache an Einnahmen bringen.

Zu Bedenken bleibt aber, dass diese Beschleunigung des Wachstums durch mehr Licht ihren Preis hat. Bäume können nicht anders – wenn sie mehr Licht bekommen, weil ein Nachbar stirbt und umfällt, so müssen sie den Platz nutzen. Schließlich kommt so etwas im Urwald nur alle 50 oder 100 Jahre vor. Wer da nicht reagiert, hat schon verloren. In Wirtschaftswäldern verschwindet aber alle paar Jahre ein Nachbar, sodass die verbleibenden Bäume sich permanent beeilen, den Platz mit ihren Ästen zu besetzen. Das kostet Kraft, die dann etwa bei der Abwehr gegen Krankheiten fehlt.

Durchforstungen schwächen also grundsätzlich den Baum, auch wenn er durch sein schnelles Wachstum vermeintlich das Gegenteil zeigt. Das ist der Preis, den Sie (und Ihre Bäume) für die Nutzung Ihres Waldes zahlen müssen. Ein Preis, der meiner Meinung nach vertretbar ist, wenn Sie sonst nach ökologischen Kriterien arbeiten.

Eine Traubeneiche mit viel Platz. Sie kann nun rasch wachsen, wird dadurch aber auch ein wenig anfälliger.

Wege zum Holz

Bevor Sie sich den ersten Gedanken machen, welcher Stamm denn nun gefällt werden könnte, sollten Sie schauen, wie Sie das Holz aus dem Wald bekommen. Was banal klingt, ist die Grundlage jeder Forstwirtschaft. Ohne Wege können sich weder Traktoren noch LKW zu Ihrer Parzelle bewegen, und damit wäre dann jeder noch so wertvolle Baum nicht vermarktbar.

Der erste Blick sollte auf die nächste Trasse fallen, die per LKW befahren werden kann. Denn bis zu diesem Punkt müssen Sie alles Holz herausbringen, welches Sie verkaufen möchten. Die Entfernung zu Ihrer Parzelle bestimmt die Höhe der Kosten, denn die Rückemaschinen benötigen den größten Teil der Arbeitszeit für diese Hin- und Herfahrerei.

Doch wie sieht ein LKW-fähiger Weg überhaupt aus? Entscheidendes Kriterium ist die ganzjährige Nutzbarkeit mit Fahrzeugen von bis zu 40 Tonnen Gesamtgewicht.

Die meisten Waldstraßen haben einen großen Nachteil: Sie wurden angelegt, als es noch Pferdefuhrwerke oder bestenfalls kleine, leichte Motorfahrzeuge gab. Diese Transportmittel waren viel schmaler, sodass die Wegetrassen oft nur drei bis vier Meter breit angelegt wurden. Zudem wurde damals die Holzabfuhr bei schlechtem Wetter verboten, also z.B. bei großen Regenfällen, die Weg und Steg aufweichten. Bäume wurden generell nur im Winter eingeschlagen, wenn der Frost die Fahrbahnen in betonharte Pisten verwandelte. So konnten die in mühevoller Handarbeit hergestellten Trassen viele Jahrzehnte genutzt werden.

Heute ist Waldarbeit viel rücksichtsloser geworden. Die Käufer verlangen, dass rund ums Jahr geliefert wird, unabhängig vom Wetter. Und wie es der Zufall so will, muss oft ausgerechnet dann abgefahren werden, wenn es sehr viel geregnet hat oder gerade der Schnee geschmolzen ist. Die Wege sind dann völlig durchgeweicht und tragfähig wie Pudding. Da sie meist im Eigentum der nächsten Gemeinden sind, könnten diese einfach eine Sperrung anordnen. Das ist in der Praxis leichter gesagt als getan, denn im Zweifelsfall verabschiedet sich dann der Holz-

Beim Rücken geht es nicht um Ihre Bandscheiben, sondern um das Herausziehen von Holz an den nächsten festen Weg.

käufer und zieht zum nächsten Waldbesitzer, der ihm keine Auflagen macht. Das Resultat ist eine ganzjährige Öffnung des Waldes für schwere LKWs. Und weil die seit Generationen genutzten Fahrbahnen nun kilometerweise unter den mahlenden Reifen zerdrückt werden, bleiben nur aufwendige Befestigungsarbeiten. Sie fressen die Gewinne aus dem Holzverkauf auf und sind nur deshalb erträglich, weil es für den Neu- und Ausbau staatliche Fördergelder gibt.

Wird so ein Weg für moderne Erfordernisse hergerichtet, so wird er erst einmal verbreitert. Nach dem Abschieben mittels Raupe oder Gräder kommt eine dicke Packung grober Steine darauf, die abschließend mit feinem Split abgedeckt und gewalzt wird. Eigentlich sollte das ganze nun ein paar Monate abliegen und sich in Ruhe setzen können, aber so viel Zeit hat heute niemand mehr. Also wird der Weg gleich anschließend genutzt, und in der Folge tauchen die ersten Schäden schon in der nächsten Schlechtwetterperiode auf.

Alle Waldwege können so nicht ausgebaut werden, dafür fehlt schlicht und ergreifend das Geld. Wenn Sie eine Durchforstung planen und Ihre Parzelle an einem Weg liegt, der nur bei trockener Witterung eine Befahrung aushält, sollten Sie die Holzernte für den Spätsommer (August / September) planen. Das ist statistisch gesehen die sicherste Jahreszeit für trockene Fahrbahnen. Für Nadelholzbestände ist das eine gute Option, für Laubholz leider nicht, denn aus Sicherheitsgründen sollten Buchen und Co. nur ohne Blätter gefällt werden, damit die Waldarbeiter herabfallende Starkäste rechtzeitig sehen können.

Manch ein Waldbesitzer versucht einen riskanten Spagat: Obwohl die Wege bei Regen völlig zerfahren werden, lassen sie dennoch Holz fällen und abtransportieren. Die zwangsläufig entstehenden Schäden werden dann billigst repariert, indem einfach das nächst verfügbare kostenlose Material in die Fahrspuren gekippt wird. Ob Bauschutt, Dachziegel, Fliesen oder Straßenabschliff – Hauptsache, es ist umsonst. Ich kann von dieser Praxis nur abraten, denn das fällt unter illegale Abfallentsorgung.

Der Straßenabschliff, der bei einer Sanierung von Teerdecken anfällt, birgt besondere Risiken. Oft ist das enthaltene Bitumen mit giftigen Kohlenwasserstoffen verunreinigt, die nun nach und nach an den Waldboden abgegeben werden. Die Baufirmen freuen sich natürlich über jeden unbedarften Waldbesitzer, bei dem sie ohne Gebühr diese Schadstoffe abladen dürfen.

Auch ein ordnungsgemäß angelegter Weg schädigt die Umwelt enorm. Denn er wirkt wie ein Damm, der das Bodenwasser staut und zurückhält. Ich habe in meinem Revier einen alten Buchenbestand, durch den sich solch eine gut ausgebaute Forststraße zieht. Das Gelände weist ein leichtes Gefälle auf, und oberhalb der Fahrbahn fingen die alten Bäume langsam an zu kränkeln. Ein Teil ihrer Kronenäste verdorrte, die Belaubung war schütter. Als ich mir den Boden genauer besah, entdeckte ich etliche feuchtigkeitsliebende Pflanzenarten. Beim Darüberlaufen sanken meine Schuhe in den Morast und erst da

wurde mir klar, dass der Weg das hangabwärts fließende Wasser aufhielt. Ich bestellte einen Bagger, der einen Graben quer in den Weg zog. Da hinein packten wir groben, lockeren Schotter, und darüber stellten wir den alten Belag wieder her. Seit diesem Zeitpunkt kann das Wasser durch den Weg hindurchfließen, der Sumpf löste sich auf, und den Bäumen geht es wieder gut.

In Steilhängen sind Wege besonders problematisch. Um hier eine ausreichend breite Trasse herzustellen, müssen gewaltige Erdmassen bewegt werden. Die durch die Planierraupe herausgeschobenen Steine poltern teilweise bergab und beschädigen viele Bäume. Schlimmer jedoch ist die Unterbrechung des Hangwassers, welches normalerweise durch die Gesteinsschichten in ein bis zwei Metern Tiefe langsam talwärts zieht. Durch den Wegebau werden diese Zugbahnen freigelegt und zerstört. Damit ändert sich die Wasserversorgung der unterhalb liegenden Waldbestände.

Straßenabschliff hat im Wald nichts zu suchen, auch wenn sich damit billig Wege reparieren lassen.

Ein vorbildlich ausgebauter Waldweg mit Rundprofil. So kann das Wasser ablaufen, und die Fahrbahn wird lange halten. Für solche Instandhaltungen reicht heute aber bei den meisten Kommunen und Forstbetrieben das Geld nicht mehr.

Nicht zuletzt zerschneidet ein Waldweg Biotope. Er kann wie eine Barriere ähnlich einer Autobahn wirken, denn manche Tiere, wie etwa einige Käferarten, laufen nicht hinüber, weil ihnen diese Schneise zu hell ist.

Wo gehobelt wird, fallen Späne, und Forstwirtschaft ist nun einmal kein Naturschutz. Sollen Stämme abtransportiert werden, so werden Wege für die Fahrzeuge gebraucht, sonst kann man gleich alles als Reservat ausweisen. Die entscheidende Frage ist nur, wie viel Wege man braucht, um einerseits sinnvoll arbeiten zu können, und andererseits die Umwelt nicht zu stark zu schädigen.

Mitteleuropa ist mittlerweile mehr als gut erschlossen. Je nach Lage (Hochgebirge, Mittelgebirge oder Ebene) schwankt der Wert zwischen 20 und 40 laufenden Metern - pro Hektar! Umgerechnet sind das durchschnittlich drei Kilometer pro Quadratkilometer Wald. Das ist unter ökologischen Gesichtspunkten viel zu viel, nun aber nicht mehr rückgängig zu machen. Von ganz wenigen Ausnahmefällen abgesehen sollten demnach auf keinen Fall neue Wege gebaut werden. In meinem Revier, in welchem in der Vergangenheit ebenfalls viel zu viel gebaut wurde, lasse ich gezielt unwichtige Wege wieder verfallen und zuwachsen. Das ändert zwar nichts mehr an der Bodenverdichtung, aber so brauche ich wenigstens kein Geld mehr in die Instandhaltung zu stecken, und die lichtscheuen Käfer freuen sich.

Gerade im Privatwald wurden in den letzten Jahren eifrig neue Trassen in den Wald gebaut, um auch diese Waldbesitzart auf denselben Ausbaustand zu bringen wie die öffentlichen Forste. Wird ein solches Ansinnen an Sie herangetragen, sollten Sie sich weigern, Ihre Parzelle teilweise für den Bau zur Verfügung zu stellen. Denn was nützt Ihnen ein neuer Weg, wenn dafür Ihre Holzproduktion spürbar zurückgeht? Dann ist es immer noch besser, mehr Geld für das Rücken aus Ihrem Bestand zum weiter entfernten Forstweg zu zahlen, und dafür aus Ihrem unbeschädigten Wald mehr Holz zu ernten.

Rückegassen – eine zweischneidige Sache.

Wer Holz erntet, möchte es aus dem Wald holen, denn sonst kann es nicht verkauft oder selber genutzt werden. Und da die Stämme zu viel wiegen, um sie an den nächsten Weg zu tragen, müssen dies Pferde oder Maschinen besorgen.

Welche Schäden schweres Gerät am Boden anrichten kann, haben wir schon besprochen. Doch wie können Sie das Erdreich schützen und dennoch Stämme abtransportieren? Wie so oft im Leben gilt es, einen vernünftigen Kompromiss zu finden, und der heißt in diesem Fall „Rückegasse". Das ist eine Linie, auf der alle Bäume gefällt werden, damit Traktoren oder Rückezüge darauf fahren können. Der Boden ist schon nach einer einzigen Überfahrt der großen Reifen für immer geschädigt. Daher gilt zwingend, dass einmal angelegte Gassen für alle künftigen Durchforstungen genutzt werden. Ohne ein solches permanentes Netz an Linien würde bei jeder Holzernte kreuz und quer durch den Wald gefahren, bis eines Tages jeder Quadratmeter verdichtet worden ist.

Mit der Anlage von Rückegassen können Sie die Befahrungsschäden auf diese Schneisen beschränken. Als Wuchsfläche für Bäume sind sie allerdings unwiederbringlich verloren. Daher stellt sich die Frage, wie viele solcher Maschinenwege Sie in Ihren Waldbestand legen möchten. Dazu gibt es verschiedene Aspekte.

Da sind einmal die Rückekosten. Wie viel Geld Sie dem Maschinenfahrer pro Festmeter Holz bezahlen müssen, hängt davon ab, wie schnell er arbeiten kann. Je mehr Gassen Sie ausweisen, je enger der Abstand ist, desto billiger wird das Herausziehen der Stämme.

Der Rückegassenabstand richtet sich in vielen Betrieben nur nach der Kranreichweite der Fahrzeuge und nicht nach ökologischen Kriterien.

Die meisten Rückezüge haben Kräne mit zehn Meter Reichweite. Wenn sich nun alle zwanzig Meter eine Befahrungsschneise durch die Bestände zieht, kommt der Fahrer mit dem Greifer an jedes Holzstück heran. Da geht der Abtransport schnell und preiswert vonstatten. Zudem möchten Sie vielleicht mit Erntemaschinen aufarbeiten lassen, den sogenannten Harvestern. Diese haben ebenfalls einen Zehn-Meter Kran an Bord und kommen mit zwanzig Metern Gassenabstand so richtig auf Touren. Ist der Abstand größer, reichen die Kolosse nicht mehr an jeden Baum heran. Diese Exemplare außerhalb der Reichweite müssen dann von Waldarbeitern gefällt und von Traktoren mit Seilwinden an die Gasse gezogen werden. Das kostet extra Zeit und zusätzliches Geld. Der Abstand wird übrigens von einer Gassenmitte bis zur nächsten Gassenmitte gemessen. Bei einem Zwanzig-Meter-Abstand heißt dies, dass zwischen den Gassen nur ein unbefahrener Streifen von 16 Metern stehen

bleibt (plus links und rechts je eine halbe Gassenbreite ergibt wieder den Normabstand 20).

Die gute maschinelle Bearbeitbarkeit ist der Grund, warum viele Forstverwaltungen den Zwanzig-Meter-Abstand wählen und dies auch so den privaten Waldbesitzern empfehlen. Ich persönlich wäre da vorsichtig. Denn der Boden der Gasse, das wollen wir nicht vergessen, ist ja anschließend für immer zerstört. Wie viel Fläche Ihnen verloren geht, möchte ich anhand einer kleinen Überschlagsrechnung demonstrieren. Gesetzt den Fall, Sie besäßen exakt einen Hektar Wald. Die Fläche wäre quadratisch (100 mal 100 Meter) und sollte nun erstmals für Maschinen erschlossen werden. Bei unserem Standardabstand müsste die erste Gasse nach 8 Metern

Solche Schäden gilt es zu minimieren, und daher muss eine Befahrung auf die Gassen beschränkt bleiben.

eingelegt werden, denn wenn am Rande Ihrer Parzelle kein Weg verläuft, kann der Maschinenfahrer ja nicht von dieser Seite her an Ihre Bäume. Die Breite der Schneise muss mindestens 4 Meter betragen, denn sonst passen Harvester und Rückezüge nicht zwischen den Bäumen durch. Randstreifen plus Gassenbreite ergeben die ersten 12 Meter. Nun kommt ein 16 Meter breiter Waldblock, danach die nächste Gasse. Der Rand dieser Gasse beginnt demnach bei Meter 28, die nächsten bei Meter 48, 68 und 88. Die letzte Schneise endet am rechten Rand bei 92 Metern, dann bleiben noch 8 Meter als Block übrig.

Nun zu den Bodenverlusten. In unserer Beispielfläche wurden fünf Schneisen geschlagen, die jeweils 4 m breit und einhundert Meter lang sind. Das ergibt eine Summe von 2000 Quadratmetern. Hinzu kommen seitliche Druckschäden im Boden, die links und rechts jeweils zwei Meter über den Gassenrand hinausreichen, denn

bei einer Überfahrt mit einem Gewicht von zehn bis fünfzig Tonnen wird das Erdreich auch neben der Spur zerquetscht. Das sind noch einmal 2000 Quadratmeter. Damit werden insgesamt 4000 Quadratmeter oder 40 Prozent des Bodens unwiederbringlich zerstört. Und in der Praxis sind es regelmäßig sehr viel mehr, weil etwa durch sumpfige Stellen, Löcher oder Felsen, die umgangen werden müssen, die ein oder andere Gasse im engeren Abstand angelegt wird. Machen Sie sich doch bei Ihrem nächsten Waldspaziergang einmal eine Sport daraus zu messen, wie weit Rückegassen tatsächlich auseinander liegen. Das können Sie im Vorbeigehen mittels Schrittmaß erledigen.

Entlang der Gassen kommt es oft zu Beschädigungen der Randbäume. Diese Schäden münden in eine Fäule und entwerten die Stämme.

Erosion an einer Rückegasse nach der Schneeschmelze. Hier wird wertvoller Waldboden abgetragen.

Ich zähle häufig nur zehn bis fünfzehn Meter, was einem befahrenen Anteil von bis zu 60 Prozent entspricht. Von Nachhaltigkeit kann hier keine Rede mehr sein, ganz zu schweigen vom Bodenschutz, der in vielen Ländergesetzen festgeschrieben ist. Die Kostenersparnis durch den billigen Maschineneinsatz wird von der Natur mit Zins und Zinseszins zurückgefordert, indem der Holzzuwachs anschließend deutlich zurückgeht. Im Ausland würde man dies als Raubbau bezeichnen, bei uns ist solches Handeln durch den amtlichen Begriff der „guten fachlichen Praxis" abgedeckt.

Empfehlenswert ist ein Gassenabstand von mindestens 40 Metern. So lässt sich die Bodenschädigung halbieren, aber das kostet leider auch Geld. Denn nun kann ein Harvester nicht mehr jeden Baum erreichen, kann ein Rückezug nicht jedes Stück Holz aufladen. Dazu bedarf es nun des Einsatzes von Waldarbeitern. Sie fällen die Bäume außerhalb der Kranreichweite per Hand (oder erledigen gleich die ganze Durchforstung). Anschließend müssen die weiter von der Gasse entfernten Stämme mittels Seilschlepper oder Pferd herangezogen werden, damit sie aufgeladen werden können. So entsteht ein gebrochenes Verfahren, und das ist teurer und umständlicher.

Der Bodenschutz ist es aber allemal wert. Und wir sollten daran denken, dass sich Ernteverfahren in den nächsten Jahrzehnten durchaus wieder ändern können. Warum sollten wir den Wald gnadenlos auf das derzeit gebräuchlichste Verfahren ausrichten, welches so erst seit 20 Jahren existiert? Wenn es nach weiteren 20 Jahren wieder eingemottet wird, werden seine Folgen, die zerfahrenen Bestände, noch Jahrtausende nachwirken.

In Steilhängen verbietet sich eine maschinelle Befahrung von selbst, denn Rückegassen sind regelrechte Erosionsrinnen. Hier läuft bei Gewitterregen das Wasser sturzbachartig herab. Über die Jahre kommt es so zu erheblichen Bodenauswaschungen, was die Fruchtbarkeit Ihres Waldes senkt. Leider ist vielerorts zu beobachten, dass in diese Steillagen sogenannte Hangharvester fahren. Sie werden mittels eines Stahlseiles an Bäumen festgebunden und seilen sich so die Berge hinunter. Das ist kostengünstig, aber mit den schon beschriebenen erheblichen Langzeitschäden verbunden.

Wenn zwei verschiedene Arbeitsmittel zur Erledigung einer Aufgabe eingesetzt werden müssen, so kann nicht durchgehend gearbeitet werden.

Wird etwa mit Pferd vorgeliefert und das Holz anschließend mit einem Tragschlepper auf der Gasse eingesammelt und zum Weg gebracht, so müssen sich beide Firmen abstimmen. Das führt zu Reibungsverlusten, denn nicht immer passt der Terminkalender so, dass ein zügiger Ablauf gewährleistet ist. Es kommt zu einem zeitlichen Bruch, einer Pause im Verfahren. Die Stämme bleiben dann länger im Wald liegen, können erst später verkauft werden und werden in der Zwischenzeit vielleicht schon von Insekten befallen. Das mindert den Preis. Deshalb versucht man, so wenig wie möglich mit gebrochenen Verfahren zu arbeiten. Insofern ist die Aufarbeitung mit einem Harvester, der das Holz gleich fertig zum Abtransport an die Rückegasse legt, bei vielen Betrieben die erste Wahl. Der Rückezug kann anschließend in einem Durchgang alles einsammeln, ein Pferd oder Seilschlepper ist nicht erforderlich. Der Preis für solche durchgängigen Verfahren ist aufgrund der höheren maschinellen Komponente oft leider eine stärkere Schädigung des Waldes. Was Ihnen mehr wert ist, müssen Sie selber entscheiden.

Wie werden Rückegassen angelegt?

Oberste Priorität hat die **Anbindung an einen Waldweg,** und hier starten auch die Überlegungen. Ideal wäre es, wenn die Gasse genau rechtwinkelig von diesem abzweigt, denn dann entfernt sie sich schnell von der Wegetrasse und es kommt zum geringsten Flächenverbrauch für Befahrungen.

Schrittmaß

Wenn Sie im Wald Entfernungen messen wollen, etwa zwischen zwei Rückegassen, so haben Sie in den seltensten Fällen ein Maßband dabei. Das ist auch gar nicht notwendig; Sie haben ja Ihre Beine! Um mit ihnen zu messen, brauchen Sie nur einmal Ihre durchschnittliche Schrittlänge zu ermitteln. Gehen Sie dazu schön locker, wie bei einem Spaziergang, eine exakt bekannte (oder von Ihnen ermittelte) Strecke und zählen Sie dabei Ihre Schritte. Anschließend teilen Sie Strecke durch Schritte, und schon haben Sie Ihr individuelles Schrittmaß. Bei mir beträgt es 93 Zentimeter. Möchte ich nun den Abstand zur nächsten Rückegasse feststellen, normalerweise 40 Meter, so muss ich 43 Schritte in gerader Linie gehen, und schon passt es. Wichtig ist nur ein normaler, lockerer Schritt. Wird gemessen, so beobachte ich häufig, dass meine Lehrgangsteilnehmer anfangen, wie die Störche daherzustelzen. Damit verfälscht man das Maß, und aus den 40 werden womöglich schnell 50 Meter.

Papierband ist leicht, gut zu sehen, kleckert nicht und funktioniert auch bei Frost. Ganz im Gegensatz zu Sprühfarbe, deren Nebel nicht gerade lungenfreundlich ist.

Das zweite Kriterium ist die **Hangneigung**. Maschinen können nicht schräg zum Hang fahren, denn dann kippen sie leichter. Zudem verursachen schief rollende Harvester und Rückezüge Schlagschäden in mehrerer Metern Höhe an den Bäumen. Die Schneisen sollten also immer exakt bergauf oder bergab geschlagen werden. Liegt Ihr Wald in steilem Gelände, so sehen Sie besser ein anderes Verfahren vor, wie die Rückung mit Seilschleppern oder Pferden.

Ist alles geklärt, das Gelände halbwegs eben, kann es losgehen. Auf der gedachten Linie Ihrer Gasse stehen im Regelfall Bäume, die nun weichen müssen. Daher werden sie zur Fällung markiert. Das können Sie entweder mit Sprühfarbe oder mit Papierband (beides im Fachhan-

Abschnitte

Dicke Stämme, die für die Sägeindustrie (etwa für Bauholz) vorgesehen sind, können bis zu 20 Meter lang aufgearbeitet werden. Länger dürfen sie nicht sein, weil ansonsten die LKW-Fahrer gegen die zulässigen Höchstmaße für den Straßentransport verstoßen. Aber warum überhaupt das Maximum ausreizen? Zwar sinken die Rückekosten ein wenig, wenn pro Baum nur ein großes Stück Holz herauszuholen ist; in gleichem Maße steigen jedoch die Schäden an den verbleibenden Exemplaren. Besser ist das Zersägen in genormte Teilstücke. Das passiert im Sägewerk ohnehin, und deshalb werden für solche Abschnitte meist die gleichen Preise gezahlt wie für Stammholz. Typische Maße sind 5,10, 4,60 oder 4,10 Meter. Fragen Sie vor dem Holzeinschlag bei Ihrem Käufer, welche Länge er vorzieht.

Abschnitte machen beim Herausziehen weniger Schäden als ganze Stämme.

del erhältlich) machen, wichtig ist nur, dass die Kennzeichnung von allen Seiten zu sehen ist.

Ansonsten verlieren Sie gerade in dichteren Beständen schnell die Orientierung, und dann wird die Gasse eine Schlangenlinie. Sie soll jedoch schnurgerade verlaufen. Der Grund: Wenn irgendwann einmal Zwanzig-Meter-Stämme mittels Traktor herausgezogen werden, dann schlägt das Holz in den Kurven an die Randbäume der Gasse. Ist diese jedoch exakt gerade, kann wenig passieren.

Wenn Sie zu zweit arbeiten, kann einer den anderen einweisen, bis eine Linie entsteht. Nun werden alle Bäume, die auf einer Breite von mindestens vier Metern mit ihrem Stamm hier hineinragen, markiert und damit zur Fällung vorge-

sehen. Ich weiß, das kann manchmal ganz schön schwerfallen, denn im Verlaufe der Trasse tauchen oft fehlerfreie Exemplare auf, die man gerne erhalten würde. Hier jedoch eine Kurve einzubauen ist, wie Sie nun wissen, kontraproduktiv.

Die Linie ist gekennzeichnet, die Bäume auf ihr bleiben zunächst noch stehen. Sie werden gefällt, wenn die Blöcke zwischen den Gassen durchforstet werden, damit das Holz auf einen Rutsch zu Boden kommt und eine größere Menge gleichzeitig verkauft werden kann (Käufer lieben komplette LKW-Ladungen).

Forwarder oder Rückezug: Mit ihm kann kostengünstig viel Holz auf einmal aus dem Bestand gefahren werden.

Ist das Holz jedoch für Ihren Eigenbedarf vorgesehen, so können Sie natürlich langsam, Schritt für Schritt, einschlagen.

Noch ein Wort zu sehr kleinen Parzellen: Oft sind durch Erbgänge und Aufteilung des Besitzes an die Kinder sehr schmale, lange Grundstücke entstanden. Manchmal liegt die Breite bei nicht einmal zehn Metern. Dann kann es schon einmal passieren, dass ein quer gefällter Baum auf dem Boden dreier verschiedener Besitzer liegt. Möchten Sie eine Rückegasse anlegen, müssen Sie bei solchen „Handtüchern" den halben Bestand abholzen. Abhilfe bietet nur ein Gespräch mit dem Nachbarn. Vielleicht ist er so kooperativ und teilt sich mit Ihnen eine Gasse, die Sie genau auf die Grenze legen können, sodass je zwei Meter auf Ihrem und seinem Grund liegen. Funktioniert eine solche Absprache nicht, sollten Sie darüber Nachdenken, dieses Waldstück zu verkaufen und andernorts zu investieren.

Mit einem PS aus dem Wald

Das Rückegassennetz ist nun geplant und sollte für lange Zeit Bestand haben. Im Idealfall liegen die Linien mindestens 40 Meter auseinander, sodass Ihr Waldboden überwiegend intakt bleibt. Geht es nun konkret an den Holzeinschlag, so sollten Sie als nächstes überlegen, welches Zugmittel Sie einsetzen möchten. Erst einmal muss das Holz an die Gasse kommen, denn bei dem vorgeschlagenen Abstand kommt kein Greifarm an alle Stämme heran.

Da wäre zunächst der **Seilschlepper**. Das ist ein Traktor mit Winde, der die angehängten Bäume aus dem Bestand zieht. Ein mühsamer Job, denn immer wieder muss die schwere Stahltrosse per Hand bis zum nächsten Stamm ausgezogen werden, um diesen anzuhängen. Und bei aller Arbeit ist dieses Verfahren zudem nicht besonders pfleglich für den Wald. Denn

Das Rücken mit Pferd ist die schonendste Variante und langfristig auch die betriebswirtschaftlich beste.

ein Traktor kann immer nur in gerader Linie ziehen, so, wie das Seil auf ihn zuläuft. Da passiert es schnell, dass der Stamm gegen einen Baum stößt und diesen beschädigt. Vor allem, wenn der Traktor den Stamm in die Rückegasse zieht (und das muss er, wenn er ihn zum nächsten Waldweg schleppen will), beschreibt die Zugbahn eine Kurve. Spätestens jetzt schlägt das Ende des Holzes, welches bis zu 20 Meter lang sein kann, gegen Bäume. Auch der Jungwuchs wird vom vorrückenden Stamm kaputtgeschleift. Das Seil selber kommt beim Ziehen ebenfalls hier und da an die Rinde stehender Exemplare und verursacht hässliche strichförmige Wunden. Je weiter das Seil ziehen muss, je entfernter der herauszuholende Stamm von der Gasse entfernt liegt, desto mehr Schäden verursacht die Methode.

Alternativen? Arbeiten Sie doch einfach Abschnitte auf; diese werden genauso gut bezahlt wie lange Stücke.

Da sie kürzer sind und weniger wiegen, lassen sie sich besser manövrieren. Steht ein Baum im Weg, drücken sie sich oft um diesen herum, ohne ihn zu beschädigen. Natürlich sinkt die Arbeitsleistung des Traktors, denn statt einen Stamm einmal anzuhängen, werden nun (je nach Abschnittslänge) vier bis fünf Arbeitsgänge nötig. Die Kosten können im Rahmen gehalten werden, wenn die Stücke nur in den 10-Meter-Bereich links und rechts der Gasse gezogen werden. Anschließend kann ein Kranfahrzeug, ein sogenannter Forwarder, die Abschnitte aufladen und so Dutzende gleichzeitig zum Waldweg hinausfahren.

Viel schonender lässt sich das Holz mit Pferden herausziehen. Sie können um Hindernisse oder junge Bäume herumlaufen, ohne sie zu berühren. Erstaunlicherweise sind die Kosten pro Festmeter nicht höher als bei einem Traktor, und das bei deutlich weniger Schäden am verbleibenden Bestand. Werden diese in der Kalkulation berücksichtigt, ist der Einsatz der Tiere

Mit Pferden rücken ist nicht teurer.

geradezu zwingend. Dennoch werden sie häufig nur im Umfeld größerer Städte eingesetzt, um der Bevölkerung einen schonenden Umgang mit dem Wald zu demonstrieren. In der großen Fläche, den Wäldern weitab der Ballungsräume, sind Rückepferde bestaunte Raritäten. Es gilt unter Förstern immer noch als verstaubt und unmodern, so zu arbeiten.

Eine kleine Einschränkung hat der tierische Holzzug aber noch: Mehr als einen halben Festmeter dürfen die angehängten Stämme nicht haben, denn das belastet die Tiere auf Dauer zu sehr. Wenn Sie jedoch, wie ohnehin zu empfehlen, Abschnitte machen, dann taucht dieses Problem aufgrund der kürzeren Stücke gar nicht erst auf. Und sollte wirklich einmal ein einzelner Abschnitt zu schwer sein, dann können zwei Pferde die Lösung sein. Die meisten Pferderücker haben ohnehin zwei Tiere im Einsatz, die dann einfach als Gespann arbeiten.

Wenn Hänge mehr als 50% Neigung aufweisen, dann wird es für Pferde und Mensch zu steil. Hier geht dann nur noch die Seilmethode, bei der ein Traktor oder Seilkran auf dem nächsten Weg im Oberhang steht und das Holz mit einer Winde hinaufzieht.

Oft werde ich gefragt, ob denn für kleine Parzellen überhaupt ein Pferd infrage käme. Schließlich sei der Aufwand, eigens wegen einem Hektar Durchforstung herauszufahren, enorm hoch, was sich ja auch in den Kosten niederschlagen würde. Dem ist nicht so, ganz im Gegenteil. Wird ein Hektar rein maschinell bearbeitet, also nur mit Harvester und Rückezug, dann ist die Arbeit (bei etwa 30 Festmeter Holzeinschlag) in zwei Stunden erledigt. Waldarbeiter und Rückepferde benötigen für die gleiche Fläche einen Tag. Während für die Maschinen der Einsatz nur lohnt, wenn weitere Parzellen in der Nähe mit bearbeitet werden können, so ist im anderen Falle ein komplettes Tagewerk vorhanden.

Pferderücker gibt es mittlerweile wieder in vielen Gegenden. Anbieter in Ihrer Nähe können Sie beispielsweise bei der Interessengemeinschaft Zugpferd e.V. (www.ig-zugpferde.de) erfragen.

Harvester sind billig in der Aufarbeitung, aber leider schlecht für den Wald.

Motorsäge oder Harvester?

Sie werden es ahnen: Ich bin ein Fan von Handarbeit. Nein, nicht wegen nostalgischer Gefühle, denn die kommen bei aufheulenden Motorsägen nicht so recht auf. Es ist die Sorgfalt, mit der Menschen im Vergleich zu Maschinen ernten können. Diese Aussage steht ganz im Widerspruch zu den Werbeversprechen von Herstellern und Forstbetrieben, die auf diese Technik schwören. Die bis zu 50 Tonnen schweren Ungetüme sind mit Breitreifen ausgestattet und hinterlassen daher auf dem empfindlichen Waldboden kaum sichtbare Spuren. Dass die Optik täuscht und die Schäden viel tiefer gehen, haben wir schon besprochen. Zudem könnten die Greifarme der Harvester die Bäume beim Fällen einfach hochheben. So fällt keine Krone in die Naturverjüngung, die damit unbeschädigt bleibt. So weit

die graue Theorie. Wenn Sie Ihren Wald lieben, ihn schonend behandeln, unter Mutterbäumen den Nachwuchs päppeln, kurz, ökologisch wirtschaften, dann kann bereits ein einziger Einsatz eines Harvesters Ihren Traum zerstören. Denn die Technik ist für gleichförmige Plantagen optimiert und nicht für einen durchmischten Plenterwald. Um zu verstehen, warum sich Erntemaschinen und Ökowald nicht vertragen, möchte ich ein wenig ins Detail gehen.

Der Fahrer eines Harvesters sitzt in seiner klimatisierten Kabine. Hier steuert er per Joystick den Greifarm, der mit einer Säge und Messern ausgestattet ist. So rollt er über die Rückegassen alle 20 Meter durch den Wald und fällt jeden markierten Baum. Im Idealfall braucht er für die ganze Durchforstung nicht einmal seine Kabine

Fällkeile lassen den Baum zielgenau fallen.

Die gute alte Handarbeit passt besser zur ökologischen Waldwirtschaft.
Der Baum fällt dahin, wo er am wenigsten Schaden anrichtet. Die schwere Krone schlägt zu Boden; der Punkt wurde so berechnet, dass möglichst wenige Jungbäume beschädigt werden. Das wäre mit Maschinen nicht zu machen.

Im Plenterwald kann der Maschinenfahrer
nur ein paar Meter weit sehen.

zu verlassen. Zwingend ist dabei, dass er den
Stammfuß jedes Baumes sehen kann, denn hier
muss er die Säge ansetzen. Gibt es schon zim-
merhohe Naturverjüngung, so geht das nicht
mehr. Und nun? Ich kenne einen Kollegen, der
das Problem sehr fahrerfreundlich löste. Er wies
Tage vor dem Einsatz seine Waldarbeiter an, einfach alle kleinen Bäume abzusägen. Das ärgerte
mich besonders, weil es sich um einen Fichtenbestand handelte, in dem unter den nadeligen
Kronen schon reichlich junges Laubholz wuchs.
Dem schlug nun die letzte Stunde, und in der
sauber aufgeräumten Waldabteilung konnte nun
die Durchforstung starten.

Viel häufiger als dieser Frevel tritt noch ein
anderes Phänomen auf: die technische Entnahme. Steht eine Holzernte an, so haben Sie

als Waldbesitzer (oder ein beauftragter Förster)
alle zu fällende Exemplare sorgfältig ausgesucht und markiert. Sie haben sich Gedanken
gemacht, wohin die Reise Ihres Waldes gehen
soll, wie er in späteren Jahrzehnten aussehen
könnte. Und dann kommt der Harvester. In
den meisten Fällen hält sich der Fahrer an Ihre
farblich dokumentierte Anweisung. Gerade bei
Bäumen, die etwas weiter von der Rückegasse
entfernt stehen, kommt er aber oft nicht an sie
heran, weil davor noch andere, allerdings nicht
gekennzeichnete stehen. Das ist etwas völlig Banales – der Wald steht nun einmal voller
Bäume. Und nun? Da werden einfach die hin-
derlichen Stämme gleich mit gefällt. Die aus-
gezeichneten Kandidaten sind anschließend,
wie vereinbart, sauber aufgearbeitet. Sie liegen

Mit reiner Maschinendurchforstung
bleibt Ihr Wald eine monotone Plantage.

zusammen mit den aus technischen Gründen entnommeneschön aufgestapelt am Weg. Für den Altersklassenwald ist das nicht so dramatisch, denn hier spielt es kaum eine Rolle, ob dieser oder jener Baum entnommen wird. Wollen Sie die Gesamtmasse im geplanten Rahmen halten, so zeichnen Sie einfach zehn Prozent weniger aus. Das ist ungefähr die Menge, die ein Harvesterfahrer ungefragt fällt. Aufgrund der rasanten Geschwindigkeit, mit der diese Maschinen arbeiten, bleibt Ihnen kaum eine Chance zur Kontrolle. Gerade kleinere Parzellen sind oft schon fertig aufgearbeitet, wenn Sie nach dem Rechten schauen möchten. Vereinbarte Zeiten werden oft nicht eingehalten, denn der Fahrer kommt erst dann zu Ihnen, wenn er woanders fertig ist.

Im Plenterwald hingegen ist diese Eigenmächtigkeit eine Katastrophe. Die technische Entnahme trifft hier meistens die Nachrücker, also die dünneren, in großer Zahl unter den erntereifen Bäumen Wartenden. Wird diese Baumjugend entfernt, so verwandelt sich der Plenterwald in einen Altersklassenwald, jede Vielfalt schwindet dahin.

Dennoch halten viele Betriebe an dieser Technik eisern fest. Technische Entnahme, nun gut, das ist ein Nachteil, der aber durch die großen Vorteile bei Naturverjüngung mehr als wett gemacht würde. Denn der Greifarm könne ja die Bäume beim Fällen hochheben und erst auf der Gasse zu Boden legen. Damit könne die Krone keinen Schaden anrichten. Ich frage mich, wie das funktionieren soll. Denn rein vom Aufbau der Aggregate kann so ein Harvester den Stamm

nur quer zur Maschine durch den Entastungskopf ziehen und an der Seite der Gasse ablegen. Würde er den Stamm in die Gasse legen und dann in Richtung Fahrerhaus durch die Messer schieben, so würde sich der Fahrer selber k.o. schlagen. Es geht also nur quer, und damit ist das Märchen der Flexibilität aus. Der Baum fällt so, wie er für den Harvester am günstigsten liegt, und eine Rücksichtnahme auf Baumnachwuchs ist, wenn überhaupt, zweitrangig.

Schonung ist in diesem Zusammenhang sowieso ein Fremdwort. Ich habe kurz nach der Übernahme meines Revieres vor über zwanzig Jahren selbst einmal ausprobiert, wie ein Bestand nach maschineller Bearbeitung aussieht. Da tauchten plötzlich Rindenschäden in mehreren Metern Höhe auf – das konnten keine Tiere gewesen sein. Nein, es war der Harvester, der beim Durchziehen der Stämme mit deren Enden an die nächsten Bäume gestoßen war und diese schwer beschädigte. In den Folgejahren setzte hier Fäule ein und das Holz war nur noch als minderwertiger Spanplattenrohstoff zu verkaufen.

Ein weiteres Erlebnis machte die Sache nicht besser. Die Maschine blieb mit einem Hydraulikschlauch an einem Ast hängen, worauf die Leitung riss. Mit Hochdruck spritzte das Öl aus dem schwarzen Gummi und nebelte die umliegenden Bäume ein. Auf dem Boden bildete sich eine große Pfütze, und die Beteuerungen des Fahrers, das sei Bioöl, konnten mich nicht wirklich beruhigen. Ich hatte ja keine Möglichkeit, seine Behauptung zu überprüfen. Davon abgesehen ist noch gar nicht erforscht, wie sich dieser Ökoschmierstoff im Waldboden verhält.

Nun argumentieren Fachleute, dass man wenigstens in ohnehin schon monotonen Beständen diese Technik einsetzen könne. Hinderliche Nachrücker oder Naturverjüngung gäbe es hier nicht, ein Schaden könne somit nicht entstehen. Das ist nur auf den ersten Blick richtig.

Rückeschäden an einem lebenden Stamm entwerten diesen, da er zu faulen beginnt.

Falls Sie einen Altersklassenwald besitzen und diesen allmählich in einen Plenterwald verwandeln wollen (mehr dazu in „Wieviel darf's denn sein?"), sieht die Sache anders aus. Denn wenn jede Durchforstung per Harvester erledigt wird, bleibt der Bestand in der Monotonie gefangen. Man könnte sogar sagen: Die Technik formt sich den für sie idealen Wald allmählich selber.

Über die Abstände der Rückegassen haben wir schon gesprochen: Lupenreine Maschineneinsätze benötigen 20 Meter. Das ist von den Verwaltungen gegenüber ihren Eigentümern, also uns Bürgern, immer weniger zu vertreten. Deshalb schwenken mehr und mehr auf den doppelten Abstand um, allerdings nur halbherzig. Denn obwohl hier Harvester nicht mehr an alle Bäume heranlangen können, sollen diese dennoch weiterhin im Wald arbeiten. Die Exemplare, die außerhalb der Kranreichweite stehen, werden von Waldarbeitern gefällt und per Seilschlepper näher an die Gasse befördert. Das kostet zusätzlich Geld und Zeit. Warum dann nicht gleich alles per Hand erledigen lassen?

Faszination Harvester: Wo solche Ketten rollen, bleibt nichts heil.

Mir drängt sich manchmal der Verdacht auf, dass es an dem männlich dominierten Berufszweig des Försters liegt. Männer sind Technikfreaks – da möchte ich mich keineswegs ausschließen. Wenn es brummt und dröhnt, nach Auspuffabgasen stinkt und die Späne nur so fliegen, dann steigen Puls und der Pegel der Glückshormone. Je größer die Konstruktionen, desto besser. Die martialischen Namen der Fabrikate, wie etwa „Königstiger", stehen symbolisch für die geballte Kraft. Was sind dagegen schon einige kleine Motorsägen und womöglich leise schnaubende Pferde, welche die Stämme aus dem Bestand ziehen? Kinderkram?

Das letzte Argument wiegt zugleich auch am schwersten. Harvester sind unglaublich schnell, schaffen eine Durchforstung im gleichen Tempo wie acht Waldarbeiter. Damit werden Sie als Waldbesitzer weitestgehend Ihrer Kontrollmöglichkeiten beraubt. Haben Sie etwa einen Hektar mittelalte Fichte, bei der 40 Festmeter Holz herausgeschlagen werden sollen, so bräuchten zwei bis drei Forstwirte dafür drei Tage. Kommen Sie einmal am Tag zur Überprüfung vorbei, so können Sie Arbeitsfehler korrigieren, Missverständnisse aufklären und schauen, ob auch wirklich nur markierte Bäume gefällt werden.

Ein Harvester schafft diese Menge in höchstens acht Stunden. Möchten Sie abends nach dem Rechten sehen, ist schon alles vorbei. Korrekturen sind nicht mehr möglich. Sollten Sie an einen windigen Unternehmer geraten sein, der sich nicht an die Absprachen hält, dann bleibt ein zerfledderter Wald zurück, der künftig weniger Erträge liefert.

Bitte schön ordentlich!

Nun folgt noch ein Planungsschritt. Ja, ich weiß, das sind viele Gedanken, die Sie sich machen sollten, aber es lohnt sich in jeder Hinsicht. Versprochen!

Steht fest, wie das Holz aus dem Wald kommen kann, so sollten Sie die Schlagordnung überdenken. Damit ist gemeint, in welche Richtung die Stämme gefällt werden. Und das kann je nach Gelände und Transportmittel ganz unterschiedlich sein.

Am Steilhang etwa ist es wichtig, strikt bergab zu fällen. Das gelingt oft mühelos, weil die meisten Bäume ohnehin leicht in Richtung Tal hängen. Die Stämme liegen dann mit dem dicken Ende hangaufwärts. Wird nun ein Seil daran befestigt, kann es beim Hochziehen nicht abrutschen (im Gegensatz zu einer Befestigung am dünnen Ende). Zudem lässt sich das Holz schnurgerade an den oberen Weg ziehen – das verursacht die wenigsten Beschädigungen. Quer gefällte Bäume lassen sich dagegen kaum aus einem Steilhang bergen. Der Traktor kann ja naturgemäß nur nach oben ziehen. Solch ein Querschläger stößt rasch an stehende Bäume und lässt sich dann nur mit Gewalt um diese herumziehen.

Ich habe solche Hauruck-Aktionen schon des Öfteren beobachtet. Will sich ein solcher Stamm nicht um andere Bäume herumziehen lassen und sitzt auf dem Traktor ein sturer Fahrer, gibt er einfach weiter Gas, bis der Stamm entzwei bricht. Das gesplitterte Holz ist fast wertlos, und der verbleibende Baumbestand ist durch die Bollerei schwer verletzt. Unter dem Strich sinkt der Wert des Waldes nach derartigen Arbeiten. Also gilt die Devise: Immer schön ordentlich hangabwärts fällen! Und dennoch passiert es hin und wieder, dass ein Exemplar nicht so zu Boden rauscht, wie Sie es berechnet haben. Für solche Fälle gilt in meinem Revier die strikte Devise: Liegen lassen! Es ist immer noch besser, Pilze und Insekten vergnügen sich mit diesem unverhofften Festmahl, als dass ich mit aller Gewalt alles Holz herausholen lasse.

In ebenen Lagen sieht die Sache schon anders aus. Sollen die Stämme in langer Form mittels Seilwinde herausgezogen werden, so gilt auch hier: So fällen, dass das dicke Ende in Richtung Gasse zeigt, und zwar in einem Winkel von 45 Grad, damit der Stamm beim Einschwenken in die Rückegasse noch um die Kurve kommt. Aber dieses Verfahren wollten wir ja eigentlich in die Mottenkiste packen.

Wird das Holz in Abschnitte zerteilt, so liegen die Stämme am besten genau anders herum.

Selbstwerbung
Oder: Wie alles viel bequemer geht

Irgendwie müssen Sie alles organisieren: Die Planung und das Auszeichnen, die Waldarbeiter, die Pferde, die Maschinen, den Holzverkauf. Greift nicht alles sauber Hand in Hand, so schwindet Ihr Gewinn. Lässt Sie etwa der Rücker im Sommer sitzen, so befallen Käfer Ihr Holz, noch bevor Sie es dem Holzkäufer anbieten können. Wenn Organisieren nicht gerade Ihr große Leidenschaft ist, dann verkaufen Sie doch Ihr Holz in Selbstwerbung. Dabei kauft eine Firma Ihre Stämme, bevor sie eingeschlagen werden. Sie selbst bereiten die Bestände lediglich vor: Die Entnahmebäume werden gekennzeichnet, die Rückegassen markiert, und das war's schon. Um den Einschlag kümmert sich der Käufer, und Sie brauchen hinterher lediglich die Mengen zu messen.

Damit Ihre ökologischen Standards eingehalten werden, können Sie die Bedingungen vertraglich festlegen. In meinem Betrieb ist die Aufarbeitung mit Waldarbeitern, das Vorliefern per Pferd, das Fertigrücken mit Rückezügen, ein Gassenabstand von mindestens 40 Metern sowie das Zerteilen in Abschnitte von maximal 5 bzw. 10 Metern Länge vorgeschrieben. Ich kontrolliere dann lediglich während des Einschlags, ob sich auch alle an die Spielregeln halten. Ist der Holzkäufer zu langsam und befallen Käfer die Stämme, noch bevor der LKW sie ins Werk bringt, so ist das sein Problem. Und wenn mal gar nichts klappt, gar der Vertrag platzt, so kann dem Holz nicht viel passieren, denn dann bleiben die Bäume eben einfach noch ein wenig stehen.

Das Holz ist noch nicht fertig gestapelt und doch schon verkauft: Selbstwerbung ist eine feine Sache!

Fällen Sie die Bäume mit der Krone, also dem dünneren Ende, zur Gasse hin, so verkürzt sich die Rückentfernung erheblich.

Dazu ein Beispiel: Ihr Rückegassenabstand beträgt 40 Meter, die Gassenbreite 4 Meter, und Sie fällen 20 Meter lange Bäume in Richtung der Schneise. Damit sind die allermeisten Abschnitte mit dem Kran des Forwarders erreichbar. Nur die letzten zwei Viermeterstücke von einem Baum, der genau zwischen zwei Gassen steht (also 18 Meter von jedem Gassenrand entfernt) müssen mit dem Pferd vorgeliefert werden. Im Durchschnitt sind das weniger als 10 Prozent des Holzes, der Kostenaufwand für einen Pferderücker hält sich also im Rahmen.

Wie viel darf's denn sein?

Die Überschrift dieses Kapitels ist zugleich die schwierigste Frage bei der Durchforstung. Rückewege, Aufarbeitungsart, Schlagordnung, das ist leicht umzusetzen, ist die Entscheidung erst einmal gefallen. Aber die richtige Menge an Holz zu ermitteln, die nachhaltig geerntet werden kann? Was ist überhaupt die richtige Menge?

Das kommt darauf an, welche Ziele Sie sich gesteckt haben. Möchten Sie einen Plenterwald erzeugen, so sollte auf Ihrer Parzelle ab einem bestimmten Alter nicht zu viel Holz stehen. Denn hohe Holzvorräte bedeuten viele hohe Bäume, und damit wäre es am Waldboden zu dunkel für das gleichzeitige Heranwachsen von Nachwuchs. Um alle Altersstadien am Waldaufbau zu beteiligen, müssen kleinere Lücken im Kronendach der herrschenden Schicht vorhanden sein. Als Faustzahl gilt folgender Holzvorrat: Er sollte nicht höher sein als die Baumhöhe in Metern, mit der Zahl 10 multipliziert.

> **Faustzahl:**
>
> Holzvorrat ≤ Baumhöhe
>
> in Metern x 10

Ein Beispiel: Sie besitzen einen reinen Fichtenbestand. Diese Baumart wird in Ihrer Gegend maximal 40 Meter hoch. Der ideale Holzvorrat pro Hektar sollte daher um 400 Festmeter liegen. Diese Zahl gilt allerdings erst für ältere Bestände jenseits der 50 Jahre, denn in jüngeren Wäldern liegen die Werte deutlich darunter (etwa bei einer Kultur, da liegt der Wert bei null). Bei den ersten Durchforstungen sollte demnach nur zwei Drittel des Zuwachses genutzt werden, damit der Holzvorrat bis zum Alter 50 auf den gewünschten Wert ansteigen kann.

Und wie viel wächst nun auf Ihrer Parzelle jährlich nach? Das können Sie recht einfach feststellen. Messen Sie dazu einen dickeren Stamm, den Sie geerntet haben, denn die Tabellen weisen die Oberhöhe aus, sie orientiert sich also an den kräftigsten Bäumen eines Bestands. Ist die Länge ermittelt (bitte auch die Stumpfhöhe dazu zählen!), dann lesen Sie an den Jahresringen des Stumpfes das Baumalter ab (auch hier die Stumpfhöhe dazu zählen, das sind im Schnitt drei Jahre). Sicherheitshalber sollten Sie mehrere Exemplare messen und den Durchschnitt bilden. Mit diesen zwei Werten können Sie den Zuwachs eines intakten Bestands in nebenstehenden Tabellen ablesen. Tabellen für weitere Baumarten finden Sie im Internet unter www.fva-bw.de/indexjs.html?http://www.fva-bw.de/forschung/bui/schaetzhilfen.html.

Das klingt vielleicht ein wenig abstrakt, denn Sie müssten ja eigentlich wissen, wie viele Bäume Sie ernten können. Dazu braucht es nur einen kleinen weiteren Schritt. Bei den gefällten Probebäumen muss nun nur noch das Volumen ausgerechnet werden (als Überschlagsrechnung: Länge mal Durchmesser in der Mitte des Stamms ohne Rinde). Das nehmen wir in unserem Beispiel mit 0,5 Festmetern an. Um 15 Festmeter zu ernten, benötigen Sie demnach 30 Bäume. Auf Ihren 1,3 Hektar können Sie jetzt 30 Bäume ernten, um sachgerecht zu durchforsten. Nun gibt es noch mehrere Dinge zu berücksichtigen:

- Ab Alter 50 sollten Sie den gesamten Zuwachs ernten.
- Der Zuwachs ändert sich mit dem Alter; Sie sollten ihn alle paar Jahre neu ermitteln.

Schätzhilfe für Fichte

Und so wird's gemacht: Ermitteln Sie mit Hilfe von Alter und Höhe den passenden Wert für Ihre Bäume. Im Kreuzungspunkt der Tabelle finden Sie eine Zahl, die den laufenden (augenblicklichen) Zuwachs pro Jahr und Hektar angibt. Diese Angabe ist in Vorratsfestmetern, meint also den kompletten Baum. Und weil Sie nie alles nutzen, Krone und Stumpf im Wald lassen, müssen Sie den Wert mit dem Faktor 0,8 reduzieren, um auf Erntefestmeter (wirklich nutzbares Holz) zu kommen.

Ein Beispiel: Sie besitzen einen 1,3 Hektar großen Fichtenwald, dessen Bäume 40 Jahre alt sind. Die Längenmessung von stärkeren Bäumen hat eine Höhe von 20 Metern ergeben. Damit lesen Sie in der Tabelle einen Wert von 21,8 Vorratsfestmetern ab. Multipliziert mit 0,8 ergeben sich so 17,44 Erntefestmeter pro Hektar oder 22,67 Erntefestmeter für Ihre Beispielsparzelle. Dies ist also die Menge, die hier jährlich nachwächst. Wenn Sie hiervon zwei Drittel ernten möchten, so wären dies 15 Festmeter.

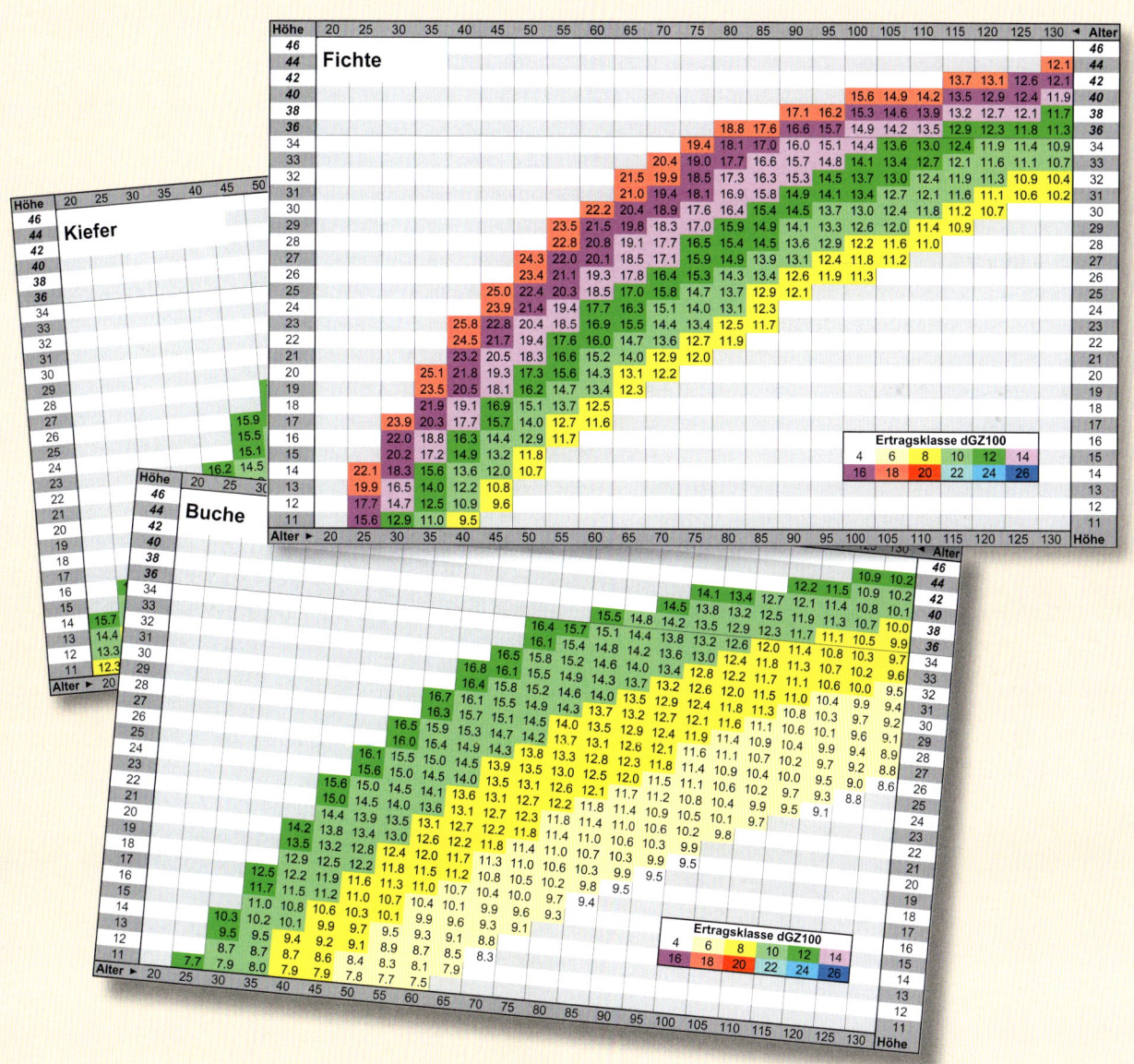

- In Trockenjahren kann der Zuwachs um 60% einbrechen.
- Weist Ihr Bestand größere Lücken (mehr als eine Baumkrone im Durchmesser) auf, so müssen Sie diese Fläche herausrechnen.
- Haben Sie mehrere Baumarten im Bestand, so müssen Sie für jede den Flächenanteil schätzen und dann gemäß der Tabellen separat berechnen.

Ist der Zuwachs ermittelt, stellt sich die Frage, wie viel Sie auf einmal aus Ihrem Wald holen möchten. Was banal klingt, ist in Wahrheit ein Drahtseilakt. Denn es gibt zwei wichtige Aspekte bei der Holzernte, die sich heftig widersprechen.

Zum einen ist da die Langsamkeit eines Waldes. Bäume lieben keine Hast und keine großen Veränderungen. Wenn nun etliche Exemplare gleichzeitig eingeschlagen werden, so hat dies Auswirkungen auf das Kleinklima. Mehr Sonne scheint auf den Boden, erwärmt diesen und kurbelt so die Zersetzung des Humus durch Kleinstlebewesen an. Dabei werden Nährstoffe freigesetzt, was wie eine Düngung wirkt. Gleichzeitig reduziert sich die Wasserspeicherfähigkeit, denn die Feuchtigkeit ist ebenfalls an den dunkelbraunen Stoff gebunden.

Messwerkzeug: Ein Maßband und eine Kluppe, mit der Sie flott den Durchmesser ermitteln.

Mehr Sonne kann auf der empfindlichen Baumrinde Sonnenbrand hervorrufen, ebenso auf den Blättern der unteren Kronenetagen, die sich eigentlich auf schwaches Schattenlicht spezialisiert haben. Das wirkt sich negativ auf den Zuwachs aus und macht sich somit nach Jahren auch in Ihrer Kasse bemerkbar. Und dann sind da noch die Stürme. Bäume halten sich gegenseitig fest, verankern sich in den Wurzeln der Nachbarn und schützen einander vor heftigen Windböen. Entfernen Sie etliche Exemplare, so ist das so, als schraubten Sie die Stützräder an einem Kinderfahrrad ab. Ob es zu einem Sturz kommt, ist nun ein Roulettespiel.

Die Summe der Beeinträchtigungen ist umso größer, je mehr Holz geerntet wird. Aus diesem Grund gilt: Je behutsamer, desto baumfreundlicher ist die Durchforstung. Im Idealfall entnehmen Sie jedes Jahr die zuvor berechnete, nachwachsende Menge. Und das ist tatsächlich praktikabel, nämlich immer dann, wenn Sie das Holz selber verbrauchen, etwa für den heimischen Ofen.

Wollen Sie jedoch die Stämme verkaufen, so kommt der zweite Aspekt ins Spiel. Je größer die Holzmenge, desto billiger lässt sie sich aufarbeiten. Waldarbeiter und Maschinen müssen so oder so zu Ihnen anrücken, und wenn es nur ein paar Bäume zu fällen gibt, sind die Kosten für den Transport von Mensch und Gerät so hoch, dass sie einen möglichen Gewinn gleich wieder auffressen.

Ein großer Holzstapel lässt sich auch leichter vermarkten. Denn der Holzeinkäufer möchte in der Regel die Ware besichtigen und muss dazu Ihre Parzelle aufsuchen. Für wenige Stämme lohnt das nicht. Beim Abtransport ergibt sich die gleiche Logik: je mehr, desto besser. Minimum ist eine Lkw-Ladung, denn wenn der Fahrer nur halb voll machen kann, ist jeder Festmeter gleich mit den doppelten Frachtkosten belegt.

Und nun beginnt der Spagat. Um die Holzmenge zu erhöhen, die auf einen Streich anfällt, können Sie die Durchforstungsintervalle strecken. Anstatt jährlich den Zuwachs

Luftschlösser

In der Forstwirtschaft wird in **Festmetern** gerechnet. Das ist ein Kubikmeter reinen Holzes, welches im Gegensatz zu einem Raummeter, etwa gestapeltem Brennholz, keine Zwischenräume und damit keine Luft enthält. So ist zumindest die offizielle Lesart, doch das Holz selbst besteht aus winzigen Zellen, die ihrerseits Luft einschließen. Das ist auch der Grund, warum Holz im Gegensatz zu Stahl oder Beton so leicht und doch tragkräftig ist.

Der **Zuwachs** wird ebenfalls in **Festmetern** angegeben. Als Messlatte für die Wuchsleistung von Bäumen ist das aber nur bedingt geeignet und ist lediglich für Sägeholz interessant. Kennt man den Zuwachs, so kennt man das jährlich nachwachsende Holzvolumen. Sobald jedoch die Biomasse im Vordergrund steht, etwa zum Heizen (und hier landet über die Hälfte des Holzeinschlags), spielt das **Gewicht** die entscheidende Rolle:

Ein Kilogramm Buchenholz hat denselben Heizwert wie ein Kilo Fichte oder Kiefer, nämlich 4,2 KWh.

Weil Buchenholz aber schwerer ist als Fichte, also weniger Luft in den Zellen enthält, ist die Menge auch etwas kleiner. Eine Tonne Buche erhält man mit rund zwei Festmetern, für eine Tonne Fichte müssen es schon drei sein. Ich reite deswegen darauf herum, weil ich einen Mythos entzaubern möchte, den Mythos von den schnell wachsenden Nadelbäumen. Sie schlagen Laubbäume um Längen, so heißt es, und deswegen werden viele Förster nicht müde, diese „Brotbäume" zu empfehlen.

Auf das Volumen bezogen stimmt das: Während ein durchschnittlicher Fichtenwald gemäß den Daten der zweiten Bundeswaldinventur rund 16,5 Festmeter pro Jahr und Hektar erzeugt, sind es in einem durchschnittlichen Buchenwald nur rund 12 Festmeter. Abgesehen davon, dass Fichten meist auf besseren (ehemals landwirtschaftlichen) Böden stehen und somit ein Vergleich zu Ungunsten der Buche ausfallen müsste, sieht das Ergebnis ganz anders aus, wenn man das erzeugte Holzgewicht (und damit den Energiewert) vergleicht.

Die 16,5 Festmeter der Fichte entsprechen etwa 6,2 Tonnen Holz, die 12 Festmeter der Buche dagegen 6,7 Tonnen. Seien wir großzügig und nehmen an, beide produzierten das gleiche Gewicht, pro Jahr und Hektar. Wo, bitteschön, wäre denn da der Vorteil der Fichte? Und wenn man nun noch bedenkt, dass 50% der Fichtenbestände durch Sturm oder Borkenkäfer vorzeitig genutzt

Auch reines Holz enthält viel Luft.

werden müssen (und damit als viel zu dünne Stämme), sollte es doch keine Frage sein, wohin die Reise geht. Solange aber an den veralteten Zuwachsfestmetern festgehalten wird, bleiben Buchen und sonstige Laubhölzer hinter dem Schleier unpräziser Fachausdrücke zurück.

Und weil nun mal in der Fachwelt weiterhin immer und überall von Festmetern gesprochen wird, mache ich dies in diesem Buch auch, weil Sie sonst mit den hier genannten Zahlen in anderen Zusammenhängen wenig anfangen können. Manchmal muss man eben mit den Wölfen heulen.

zu entnehmen, lassen Sie einfach einige Jahre verstreichen. So ernten Sie anschließend wesentlich mehr. Ist der Abstand zwischen zwei Eingriffen etwa vier Jahre, beträgt die Erntemasse pro Durchforstung das Vierfache gegenüber jährlicher Nutzung. Für die Vermarktung ist das bestens, allerdings vervierfachen sich damit auch die negativen Auswirkungen für die verbleibenden Bäume.

Ich handhabe das in meinem Revier so, dass ich jeden Bestand alle zwei bis drei Jahre durchforste. Um für Käufer attraktive Mengen zu erhalten, fasse ich einfach einige Waldabteilungen zusammen. Dann liegen an einem langen Weg schon einmal 500 Festmeter – da braucht sich kein LKW-Fahrer zu beschweren, dass er den Auflieger nicht voll bekommt. Haben Sie nur eine Parzelle, so können Sie sich über Ihr zuständiges Forstamt mit anderen Besitzern zusammenschließen. Wenn diese zum selben Zeitpunkt ernten, ist auch Ihre Kleinmenge verkaufsfähig.

Große Forstverwaltungen handhaben das leider ganz anders. Um auch noch den letzten Cent an Kosten zu reduzieren, wird nur alle fünf bis zehn Jahre geerntet, dann allerdings mit starken Eingriffen. Der Wald sieht anschließend sehr gerupft aus, und es wundert nicht, wenn er im nächsten Wintersturm umfällt. Das wird dann allerdings auf den lieben Gott geschoben – Sturm ist schließlich ein Naturereignis, oder?

Eine letzte Überlegung zum Thema Entnahmemenge ist die Frage nach den Prozessen im Urwald. Dieser hat Holzvorräte von 600 bis über 1 000 Festmeter pro Hektar, also deutlich mehr, als wir eben besprochen haben. Wenn wir so ökologisch wie möglich wirtschaften wollen, dann müssten wir doch die Holzmengen viel stärker anwachsen lassen? Richtig, das kann man bei heimischen Laubbäumen ohne Einschränkung so machen. Sie wachsen immer zu stabilen Ökosystemen heran, bei Buche und Co darf

Zu stark durchforstet? Wird zu viel auf einmal entnommen, steigt das Windwurfrisko.

sogar der Merksatz gelten: Sie brauchen prinzipiell niemals irgendeinen Eingriff. Ein typischer
Wirtschaftsplenterwald würde dann zwar nicht
mehr daraus, aber doch so etwas Ähnliches,
denn Urwälder sind im Prinzip Plenterwälder mit
einem besonders hohen Anteil alter Bäume. Erst
wenn mindestens 600 Festmeter Vorrat erreicht
wären, würde man den jährlichen Zuwachs nutzen. Urwaldnäher kann man nicht arbeiten.
Nebenbei speichert ein solcher Wald viel mehr
Kohlenstoff und schützt damit die Umwelt und
das Klima noch besser als ein Plenterwald. Allerdings könnten Sie in den Jahrzehnten, die der
Wald braucht, um die Holzvorräte aufzubauen,
kaum Einnahmen erzielen. Hier stellt sich wieder einmal die Frage nach der Balance zwischen
Schutz und Nutzung, und die können nur Sie
selbst beantworten.

Bei naturfremden Nadelbaumplantagen sieht
die Lage ganz anders aus. Die Fichten und Kiefern können sich hier nicht zu stabilen Ökosystemen entwickeln, sondern werden zu wackeligen
Giganten, die eines Tages umstürzen oder vom
Borkenkäfer gefressen werden. Hier sind niedrige
Holzvorräte (und damit viel Licht für die großen
Bäume) zwingend, damit sich einerseits stabile
Exemplare entwickeln können und andererseits
noch genügend Licht auf den Boden fällt, damit
sich der Baumnachwuchs in Form junger Buchen,
Weißtannen und Konsorten nicht wieder verab-
schiedet.

Die dünnen Bäume in der Bildmitte
sind wertvolle Kandidaten und werden für die Zukunft geschont.

Das Stück-Masse-Gesetz

Bei der Holzernte gilt: Je dicker der Stamm, desto geringer die Kosten und desto höher der Gewinn. Um 30 Festmeter zu ernten, können Sie entweder 300 dünne Fichten, 30 mittelstarke oder eine einzige erntereife fällen. Im ersten Fall müssen die Waldarbeiter 300 Bäume aufsuchen, fällen und entasten. Der Rücker muss sich 300 mal bücken, den Stamm anketten und ihn zum Waldweg schleifen. Das kostet! Im Erlös bringt das dünne Zeug nur rund 30 Euro – ein schlechtes Geschäft. Der 30-Festmeter-Stamm ist viel schneller fertig aufgearbeitet am Weg und bringt pro Festmeter 100 Euro bis 500 Euro. Das Ziel muss also lauten: Der Einschlag muss so durchgeführt werden, dass er mit möglichst wenigen aber dafür dicken Stämmen über die Bühne geht. Das passt ganz ideal auf die Plenterdurchforstung.

Schlechte Qualität und dick – raus damit!

Durchforstungsmodelle

Waldpflege unterscheidet sich nicht vom Häuserbau. Bei geplanten Gebäuden gibt es ein Ziel, welches Ihre Immobilie erreichen soll, gibt es einen Architekten, der den Plan mithilfe der Maurer und Zimmerleute in die Tat umsetzt. Im Wald sind Sie der Architekt, Ihre Maurer sind beauftragte Einschlagsfirmen (es sei denn, Sie übernehmen diesen Job gleich mit). Einen Unterschied zum Haus gibt es aber doch: die Zeit. Für einen Plenterwald muss die Art der Behandlung über Generationen beibehalten werden.

Die Baumart haben Sie früher schon gewählt oder übernommen, nun geht es an die Gestaltung. Und wie beim Bau gibt es verschiedene Modelle, wie Ihr Wald dereinst aussehen könnte. Im Wesentlichen sind es zwei Systeme, die derzeit fachlich anerkannt sind.

Das Plenterprinzip

Die Anwendung des Plenterprinzips führt zu einem Plenterwald, der urwaldnächsten Betriebsform. Das Nebeneinander von Jung und Alt, Groß und Klein können Sie grundsätzlich mit jedem Waldbestand erreichen. Je nach Ausgangszustand kann dies allerdings bis zu 100 Jahre dauern. Doch schon ab dem ersten Jahr der Umstellung wirft der Wald mehr Gewinne ab als mit den anderen Durchforstungsmethoden. Hier greift also der altbekannte Spruch: Der Weg ist das Ziel. Eine einzelne Durchforstung nennt man übrigens Plenterhieb.

Nun zur Methode: sie ist denkbar einfach. In jedem Bestand, der durchforstet werden soll, werden immer nur die schlechtesten Exemplare geschlagen. Und weil die Auswahl oft groß ist, fangen Sie einfach bei den dicksten an. Als kleine Eselsbrücke mag der Slogan „DDR" dienen: Die Dicken raus!

Das hat zwei Vorteile. Zum einen werden krumme, beschädigte Bäume immer weniger, sodass der Holzzuwachs sich auf wertvollere Stämme konzentriert. Zum anderen sind die Entnahmekandidaten dick. Nach dem Stück-Masse-Gesetz sinken dadurch die Aufarbeitungskosten und steigt der Holzerlös. Sobald Sie mit der Plenterung anfangen, klingelt also die Kasse - und der Wald bewegt sich gleichzeitig in Richtung Natur.

Auch wenn es Ihnen schwerfällt, halten Sie sich daran und vergreifen Sie sich nicht an dünneren Bäumen. Denn diese brauchen Sie ja als zweite Garde, als Nachrücker für die gefällten Stämme. Einzig schadhafter Nachwuchs wird im Rahmen der Durchforstung gleich mit beseitigt, denn ein Plenterhieb ist Ernte und Pflege zugleich. Eine regelrechte Bestandespflege, wie in den Kapiteln zuvor beschrieben, entfällt im Plenterwald. Denn qualitativ hochwertigen Nachwuchs zu erziehen, das können die älteren Bäume viel besser als wir. Und indem möglichst viel Jungwuchs erhalten bleibt, ist immer genügend Auswahl an qualitativ guten Kronprinzen vorhanden. Schwächelt später einmal einer von ihnen, so können Sie ihn entnehmen und auf seine Konkurrenten setzen.

Die Nachrücker werden häufig ganz besonders rücksichtsvoll behandelt. So wanderte ich vor Jahren durch einen kleinen Plenterwald, in dem gerade Holz eingeschlagen wurde. Der Besitzer hatte zwei halbwüchsige Tannen mit Stricken angebunden, sie dann zur Seite gebogen und die straffen Seile mit Pflöcken fixiert. Erst danach ließ er einen mächtigen Altbaum zwischen die beiden fällen, und der Stamm fiel zu Boden, ohne sie zu beschädigen.

Einen Plenterhieb vorzubereiten, die Entnahmebäume auszuzeichnen, ist sehr anstrengend. Denn grundsätzlich wird jeder Baum nachgeschaut, ist zu beurteilen, ob er in Ordnung ist oder seinen Platz räumen muss für einen besseren Nachbarn. Auch wenn vorrangig die dicken, schlechten Exemplare entnommen werden sollen, so wird doch auch bei den schwächeren Bäumen nachgeschaut, ob aus ihnen noch etwas werden kann.

Das Z-Baum-System

Die Methode der Z-Bäume ist die weit verbreitetste – und leider auch die schlechteste. Praktisch alle staatlichen Forstverwaltungen wenden sie an, und da diese auch Kommunen und private Waldbesitzer beraten, wird auf 99 % der Waldfläche entsprechend gearbeitet. Schade, denn dabei geht eine Menge an möglichen Einnahmen verloren.

Die Z-Baum-Methode ist eine Spielart der Altersklassenwälder. Ziel ist die möglichst optimale Nutzung der Fläche durch eine gleichmäßige Verteilung der besten Bäume, die dann kräftig gefördert werden. Dazu werden zunächst einmal die Elitekandidaten ausgesucht. Das geschieht schon mit jungen Jahren, also etwa im Altersrahmen 20–30. Da diese Wahl über die nächsten Jahrzehnte Bestand haben soll, muss besonders sorgfältig geschaut werden.

Das Ende des Z-Waldes ist zwangsläufig der Kahlschlag!

Ein gekennzeichneter Z-Baum – Sinnbild des modernen Plantagenwaldbaus

Z-Baum

heißt Zukunftsbaum. Er ist ein Elitekandidat, der einen fehlerfreien Stamm und eine große Krone hat. Er wird gefördert, um möglichst rasch dickes Holz zu erzeugen. Damit ihn jeder Mitarbeiter im Forst gleich erkennt, wird er dauerhaft mit Farbe gekennzeichnet. Kein Rücker darf einen Stamm gegen ihn bollern, kein Harvester mit den Reifen über die Wurzeln rollen. Der ganze Waldbau wird auf diese Elite hin ausgerichtet. Doch was ist, wenn im Laufe der Jahrzehnte der Baum erkrankt oder plötzlich nur noch schlechte Holzqualitäten produziert? Dann gibt es Löcher im Bestand, und da die Konkurrenten Stück für Stück beseitigt worden sind, fällt die Fläche für die Holzproduktion aus. Ganz schön riskant!

Ist der Stamm wirklich gerade? Ist der Baum vital, gehört er zu den kräftigsten und zeigt eine große, grüne Krone? Gibt es keine Rindenschäden, steht er nicht an der Rückegasse und droht eines Tages, durch die Reifen einer Maschine beschädigt zu werden? Kann alles mit „ja!" beantwortet werden, so ist der Z-Baum gefunden. Der Auserwählte wird mit farbigen Punkten oder einem Kunststoffband, welches in Brusthöhe um den Stamm geschlungen wird, markiert.

Um eine hohe Rendite zu erzielen, müssen möglichst viele Zukunftsbäume pro Hektar untergebracht werden. Dazu schaut man, wie groß die Kronen der erntereifen Bäume werden sollen. Bei zehn Meter Durchmesser passen auf einen Hektar 100 Stück (10 x 10 Meter = 100 m², ein Hektar = 10.000 m²), bei 14 Metern Durchmesser sind es nur noch 50. Diese Anzahl an Exemplaren markiert man im Jungbestand in möglichst gleichmäßiger Verteilung. Und ab jetzt wird es sehr einfach. Denn bei jeder Durchforstung werden ein bis zwei Nachbarbäume pro Z-Baum gefällt. Dieser erhält so mehr Licht und wächst umso schneller. Im Abstand von fünf Jahren wird das Spiel wiederholt, und zwar so oft, bis eines schönen Tages nur noch Z-Bäume auf der Fläche stehen. Das ist spätestens dann der Fall, wenn die Pflanzung 60 Jahre alt ist. Nun heißt es noch zwei bis vier Jahrzehnte abwarten, und dann beginnt die große Ernte. Da alle Bäume gleich alt und durch die Pflege in etwa gleich dick sind, werden sie nahezu zeitgleich schlagreif. Das Ende dieses Waldes ist zwangsläufig ein Kahlschlag, und so beginnt alles wieder von Neuem.

Die Z-Baum-Methode hat eine Reihe von Nachteilen. Zunächst einmal ist Natur nicht so genau planbar, wie wir das gerne hätten. Der markierte Zögling kann sich als Fehlentscheidung erweisen, kann beschädigt oder krank werden oder gar in einem Sturm umfallen. Geschieht das, nachdem Sie schon jahrelang so gepflegt haben, so gibt es keinen Ersatzkandidaten mehr daneben. Denn diese wurden ja als Konkurrenten samt und sonders beseitigt.

Ganz im Gegensatz zum Plenterwald, in dem auf gleicher Stelle mehrere Nachrücker unterschiedlichsten Alters bereit stehen. Und das ist auch gleich der zweite Nachteil der Zukunftsbaumwälder. Sie weisen kaum Naturverjüngung auf, denn das Licht soll ja optimal mit den Auslesebäumen ausgenutzt werden. Sie stoßen irgendwann mit ihren Kronen aneinander, schließen das Walddach und lassen keinen Sonnenstrahl auf den Boden. Dieser bleibt braun, höchstens hier und da von Moosen besiedelt, und sollte ein Sturm unsere Musterschüler werfen, so muss die Kahlfläche für teures Geld aufgeforstet werden.

Nachteil Nummer drei ist die Geschwindigkeit, mit der die Bäume wachsen. Hierin unterscheiden sich beide Modelle gewaltig. Im Plenterwald darbt die Baumjugend wie im Urwald im Dämmerlicht und macht nur winzige Höhentriebe. Ihr hartes, zähes Holz hat enge Jahrringe und ist kaum fäuleempfindlich. Schnell wachsen soll der Nachwuchs also nicht, und der Rendite tut dies keinen Abbruch, denn Holz produzieren vor allem die Giganten des Plenterwaldes. Zukunftsbäume dagegen sollen von Anfang an Gas geben. Schon als Jungbestand werden sie gepflegt, indem ein Großteil der überflüssigen Bäumchen heraus gesägt wird. Als Z-Baum markiert wird den Zöglingen allzeit sehr viel Licht gegeben, indem jeder Konkurrent, der es auch nur wagt, mit seinen Astspitzen die des Musterschülers zu berühren, kompromisslos beseitigt wird.

Dieses für Bäume völlig unnatürliche Lichtangebot wird gut genutzt. Wie der Körper eines gedopten Bodybuilders schwillt der Stamm rasch an, wird ein breiter Jahresring nach dem anderen angelagert. Das Ziel: Jedes ausgewählte Exemplar soll möglichst rasch Sägeholz erbringen. Dieses Turbowachstum hat seinen Preis. Jeder Baum hat nur eine bestimmte Menge an Energie, die er durch die Fotosynthese gewinnt. Normalerweise verteilt er sie gleichmäßig auf die verschiedenen Baustellen. Ein Teil geht in das Wachstum der Äste, Blätter und Nadeln. Ein weiterer wird in das Dickenwachstum des Stammes investiert. Energie kostet auch die ständige Abwehrbereitschaft gegen Pilze und Insekten, denn der Baum muss

Abwehrstoffe bevorraten und im Angriffsfall die Wunde schnell verschließen. Ein guter Wirtschafter legt einen Notgroschen zurecht, und Bäume machen dies ebenfalls. Dazu lagern sie Reservestoffe in die Rinde und die Wurzeln ein – man weiß ja nie!

Zurück zu den Z-Bäumen. Sie werden durch den Wirtschafter umschmeichelt, der sie durch das Fällen der Konkurrenten mit unnatürlich viel Licht versorgt. Da jeder Sonnenstrahl in einem Urwald eine Rarität wäre (und unsere Bäume sind ja genetisch immer noch recht ursprünglich), versuchen die Z-Bäume, dieses komplett zu nutzen. Sie wissen ja nicht, dass sie in einem Kunstforst stehen und keinerlei Nebenbuhler mehr fürchten müssen. Sie bauen daher mit aller Kraft ihre Krone aus, um ihren Artgenossen zuvor zu kommen. Wenn diese Aktion beendet ist und das Kronendach sich wieder schließt, würde in einem Urwald für viele Jahrzehnte wieder Ruhe einkehren. Die Bäume könnten sich von der Anstrengung erholen und entspannt auf die nächste Chance in ferner Zukunft warten. Nicht so bei den Z-Bäumen. Kaum berühren die Zweige der Nachbarn die Krone, so kommen schon die Waldarbeiter herbei und entfernen diese. Wieder gibt es viel Licht, wieder beeilt sich der Baum, um die Gelegenheit zu nutzen und sich auszudehnen. Es ist wie bei uns mit dem Essen: Wird viel angeboten, so essen die meisten Menschen auch viel mit der Folge, dass die Anzahl der Übergewichtigen ständig steigt.

Die Förderung der Elitestämme wird zu einer gnadenlosen Hetzjagd ohne Ruhe. Ein Großteil der Energie fließt in den Holzaufbau, für Krankheitsabwehr oder gar Reservebildung bleibt nicht viel übrig. Das ist eine riskante Waldbaustrategie, denn die Gepäppelten sind besonders empfindlich. Das schnellgewachsene Holz mit den großen Jahresringen enthält sehr viel Luft – ideal für Pilze.

Der Z-Baum ist wie ein gedopter Bodybuilder.

Trockenriss an einer Fichte, an der harzigen
Rinne auf der Rinde zu erkennen.

Der Riss zieht sich von rechts nach links bis
ins Zentrum und verursacht eine Fäule.

Pilzbefall an einer Buche. Aus der
Traum vom dicken Gewinn.

Schon eine kleine Rindenverletzung reicht, und es setzt eine Stammfäule ein, die den Traum vom großen Gewinn zerplatzen lässt. In trockenen Sommern können Sie in solchermaßen behandelten Fichtenbeständen eine Beobachtung machen, die nicht minder fatal für den Besitzer ist. Die dicksten Stämme, die Z-Stämme, reißen auf den unteren fünf Metern. Solche Trockenrisse sind irreparabel für den Baum, da sie in späteren Jahren immer wieder aufgehen. Man kann so etwas leicht mit Blitzeinschlägen verwechseln, die zu ähnlichen Bildern führen. Während jedoch bei Blitzschlag ein Rindenstreifen abplatzt, ist es bei Trockenheit nur ein haarfeiner Riss. Er harzt und zeigt sich in einer verkrusteten, schwarzen Line, die den Stamm hinaufläuft.

Solche Ausfälle von Z-Bäumen schmälern den Hektarertrag, denn es fällt jeweils eine Produktionsfläche von der Größe eines Kronendurchmessers für die nächsten Jahrzehnte aus.

Der richtige Zeitpunkt

Bevor Sie eine Durchforstung planen, sollten Sie sich den Termin genau überlegen. Zunächst gilt es zu berücksichtigen, welches Holzsortiment anfällt. Soll es Brennholz für den Eigenbedarf sein, so ist die Lage einfach: Sie können einschlagen, wann Sie es für richtig halten, denn Sie sind ja Lieferant und Kunde in Einem.

Sollten die anfallenden Sortimente jedoch verkauft werden, so müssen Sie das Marktgeschehen im Auge behalten. Ist Ihre Ernte überhaupt absetzbar? Die schwächeren Sortimente einer Erstdurchforstung sind in der Regel Rohstoff für die Papier-, Spanplatten- oder Bioenergieindustrie, und deren Bedarf ist praktisch unersättlich. Anders sieht es nach weiteren Jahrzehnten aus. Nun ist der Durchmesser der gefällten Stämme schon so groß, dass daraus Bretter, Bauholz oder gar Möbelfurniere gefertigt werden. Und in diesem Marktsegment gibt es ganz gewaltige Schwankungen der Erlöse. Da kann es durchaus

Kein Einschlag zwischen
März und Juni!

sinnvoll sein, noch ein Jahr zu warten, um ein Preishoch mitzunehmen. Ihr örtliches Forstamt oder der nächste Waldbauverein geben gerne Auskunft über die aktuelle Situation.

Sind diese Rahmenbedingungen geklärt, kommt wieder die Natur ins Spiel. Denn sie hat ganz andere Prioritäten. Im Sommerhalbjahr sind die Stämme „im Saft", enthalten also viel Wasser, weil der Baum nun wächst. Auch die Rinde ist sehr feucht und haftet nur wenig am Holz. Wird nun im Rahmen der Durchforstung ein stehender Baum durch einen anderen gestreift, etwa beim Fällen, so reißt ihm die Rinde gleich bahnenweise ab. Gleiches gilt für das Rücken, das Herausziehen der Hölzer: Bollern sie durch den Bestand und über die Wurzeln, so werden massenweise Schäden produziert. Und diese Schäden führen in aller Regel zu einer Holzfäule bei den verbleibenden Exemplaren. Eine dermaßen sorglos durchgeführte Holzernte rechnet sich unter dem Strich nicht, denn die faulenden Buchen oder Fichten bringen künftigen Generationen keine hohen Erträge über schönes Sägeholz, sondern nur minderwertiges Brennholz. Daher sollten Sie in der Zeit von März bis Juni, dem sogenannten „ersten Saft", kein Holz einschlagen. Ab Juli trocknet der Baum schon langsam wieder aus und richtet sich allmählich auf den Herbst ein. Nun ist er nicht mehr so empfindlich. Dieses Tabu hat einen weiteren Vorteil: Es überschneidet sich mit den Brutzeiten der meisten Vogelarten, sodass Sie gleichzeitig etwas für den Naturschutz machen.

Ein weiteres Kriterium sind Wegeschäden. Bei Nässe wirkt das Wasser wie Schmierseife und lässt die Bodenpartikel rutschen. Schnell wird aus der Gasse ein einziger Morast. In den Fahrspuren läuft das Wasser wie in Entwässerungskanälen ab und entzieht nicht nur Feuchtigkeit, sondern nimmt auch einiges an Boden mit. Auch die Verdichtungsschäden gehen deutlich tiefer. Das ideale Wetter für die Holzernte ist daher eine Trocken- oder eine Frostperiode. Der Frost hat den

Frost ist die ideale Witterung für eine Durchforstung.

weiteren Vorteil, dass auch die Baumrinde bombenfest angefroren ist und leichter einen Rempler erträgt.

Ideal wäre also eine gute Verkaufsmöglichkeit während einer Frostperiode. Leider sind nicht alle Winter kalt genug und der Holzmarkt hat seine Hochs oft in der warmen Jahreszeit. Ob und wann Sie durchforsten, müssen Sie für jeden Einzelfall abwägen.

Raus mit den faulen Gesellen!

Wenn vom schlechten, dicken Ende her durchforstet werden soll, stellt sich die Frage: Was ist eigentlich schlecht? Für die Natur gelten hier andere Regeln als für das Sägewerk; das sollten Sie immer im Hinterkopf behalten. So etwa der Drehwuchs, bei dem die Holzfasern spiralig um den Stamm laufen. Das lässt den Baum bei Stürmen federn, ohne dass er bricht. Daraus gesägte Bretter fangen beim Trocknen allerdings an, sich wie Spiralnudeln zu verdrehen. So etwas braucht kein Mensch, und drehwüchsiges Holz wird daher sehr schlecht bezahlt. Solche Bäume werden bei Durchforstungen entfernt. Damit betreiben Sie eine Art von Zucht, da sich später nur noch die Exemplare vermehren können, die Ihren Vorstellungen entsprechen. Rein biologisch gesehen sind das aber Krüppel, denn der Drehwuchs und andere „Fehler" haben ja wichtige Funktionen für die Bäume. Um dennoch diese genetischen Eigenschaften für den Baumnachwuchs zu erhalten, sollten Sie entweder kleine Ecken Ihres Waldes unberührt lassen oder hier und da solche „unwirtschaftlichen" Bäume belassen. Über den Pollenflug aus diesen Nischen wird Ihr ganzer Wald mit vollständigem Erbgut versorgt.

Entnehmen Sie im Eifer keinesfalls alle schlechten Exemplare, sondern nur so viele, wie sie der angepeilten Holzmenge gemäß Ihrer Berechnungen entsprechen. Können Sie sich nicht entscheiden, wer nun der schlechtere ist, so gilt, dass zunächst Stämme mit Fäuleschaden fallen sollten. Sie sind nur noch als Brennholz zu gebrauchen. Hat ein Baum allerdings schon eine ausgefaulte Höhle, so sollten Sie ihn als Beitrag zum Naturschutz stehen lassen – die Spechte und Käfer werden es Ihnen danken.

Baumfehler!?

Störungen im Faserverlauf

Drehwuchs: Schräg zur Stammachse verlaufende Holzfasern, die den Baum bei Stürmen elastisch federn lassen. Bretter aus solchen Bäumen verwinden sich beim Trocknen, daher gilt das Holz als minderwertig und ist oft nur noch als Brennholz zu vermarkten.

Wimmerwuchs: Wellen- bis beulenförmiges Muster meist nur auf einer Stammseite, die möglicherweise durch Stauchungen bei Stürmen entstehen, wenn der Baum sich biegt. Ergibt beim Sägen keine einheitlichen Bretter, daher unbeliebt und schlecht bezahlt, im Ausnahmefall wird solches Holz aber auch gesucht.

Störungen der Stammform

Wasserreiser: Infolge plötzlicher Freistellung nach einer starken Durchforstung. Wegen einer Bedrängung durch Konkurrenzbäume bilden manche Arten neue Zweige am ehemals kahlen Stamm. Diese verhindern die Bildung von astfreiem Holz und sorgen für einen kräftigen Preisabschlag. Manchmal sind Wasserreiser auch eine Angstreaktion von Bäumen, die von Konkurrenten bedrängt und in ihrer Krone erheblich eingeschränkt werden.

Krummer Stammverlauf: Aus krummen Stämmen lassen sich keine geraden Bretter sägen. Je stärker die Krümmung und je dünner der Stamm, desto weniger eignet er sich für die Sägeindustrie. Daher sollten solche Kandidaten schon bei den ersten Durchforstungen entnommen werden.

Extremer Drehwuchs an einem Stamm, der Teil einer Toreinfahrt ist.
Wimmerwuchs: Die Wellen entstehen auf der windabgewandten Seite und mindern den Holzwert.

Wasserreiser: Die kleinen Äste, meist an Eichen zu finden, mag niemand, denn sie bilden schwarze Punkte im gesägten Brett.
Krumme Bäume ergeben keine geraden Bretter und müssen deshalb weichen.

Stammwunden

Alte Wunden: Beschädigungen der Rinde, die bis auf das Holz gehen, sind Eintrittspforten für Pilze. Diese Wunden treten meist an den unteren zwei Metern durch Wildfraß oder unachtsame Maschinennutzung auf. Der Baum verschließt diese Verletzungen zwar im Laufe der Jahre wieder, doch bei Wundgrößen über 3 cm Durchmesser gewinnt der Pilz. Er frisst sich immer weiter den Stamm hinauf und hinunter und entwertet dabei das wertvollste, weil dickste Stück.

Astbeulen: Sie entstehen durch dicke, abgestorbene Äste. Nach deren Abbrechen setzt der gleiche Wettlauf zwischen Baum und Pilz ein wie bei einer Stammverwundung. Durch den alten Astansatz bildet sich eine dicke Beule, die meist eine Faulstelle umschließt.

Wuchsstörungen

Zwiesel: Ein junger Baum strebt in der Regel mit einem einzigen Trieb nach oben. Wird er gestört, etwa durch Insektenfraß an der Gipfelknospe oder durch Schneebruch in der Krone, wachsen zwei oder mehr Triebe gleichzeitig nach oben. Hier bildet sich dann eine Sollbruchstelle, denn bei Sturm federn diese Teilstämme unterschiedlich schnell hin und her, sodass ein Bruch mit nachfolgender Fäule entsteht.

Spannungsriss: Schnell gewachsene Bäume, meist Fichten, vertragen Trockenphasen besonders schlecht. Sie verbrauchen enorm viel Wasser. Kommt es an einem heißen Sommertag zu Nachschubproblemen, kann der ganze Stamm durch die auftretende Saugspannung aufreißen. Dieser Riss geht in den Folgejahren immer wieder auf und bietet Pilzen ständige Eintrittspforten.

Alte Stammschäden deuten auf Fäule hin – das wird nichts mehr!
Unter dicken Beulen am Stamm (hier aufgesägt) verbirgt sich meist eine Faulstelle.

Zwiesel: Bäume mit zwei Gipfeltrieben brechen leicht ab – besser sofort ernten.
Trockenriss an Fichte: Weg damit!

Ernte reifer Stämme

Wann ist ein Stamm reif, wann dick genug, um geerntet zu werden? Bis zu diesem finalen Moment lag das Augenmerk aller Bemühungen, aller Durchforstungen auf der Erzeugung mächtiger, alter Bäume, deren makellose Rinde höchste Rendite bei der späteren Nutzung verspricht.

Es gibt verschiedene Methoden, sich der Beantwortung der Frage nach dem „Wann" zu nähern. Der ideale Zeitpunkt ist gekommen, wenn der Wertzuwachs des Stammes zurückgeht.

Gesunde Bäume werden immer dicker, und es gibt keinen Grund, diesen Prozess zu stoppen. Die Sägeindustrie bezahlt für starke Durchmesser überproportional mehr Geld. Dicke Bäume erzeugen also nicht nur einen Holzzuwachs, wie ihn auch junge Exemplare leisten, sondern steigern dabei fortlaufend ihren Wert.

Ein Beispiel: Ein Fichtenstamm mit einem Mittendurchmesser von 12 Zentimetern erzielt pro Festmeter 40 Euro, ein anderer mit 50 Zentimetern 100 Euro. Für den dickeren erhalten Sie als Waldbesitzer also das 2,5-fache für die gleiche Menge Holz – da kann es nur richtig sein, die Bäume möglichst lange wachsen zu lassen. Zu stark kann ein Stamm gar nicht werden, auch wenn Forstverwaltungen und Holzeinkäufer manchmal von einem Starkholzproblem reden.

Das Ende der Fahnenstange ist erst erreicht, wenn der Baum altert und Fäulnisprozesse einsetzen. Dann beginnt der Stamm sich (meist von innen heraus) zu zersetzen. Von nun an sinkt sein Wert kontinuierlich von Jahr zu Jahr. Nun können Sie schlecht in den Baum hineinsehen, aber es gibt andere Hilfsmittel für eine solche Beurteilung.

Preisschwankungen durch Abwarten puffern!

Das eine ist der äußere Zustand. Wirkt die Krone gesund, ist sie schön grün und dicht benadelt oder belaubt? Oder zeigt sich ein gelblicher Farbstich, wirken Nadeln und Blätter klein und kümmerlich? Im letzteren Fall sollten Sie handeln und das Holz ernten, denn das nächste Stadium des Alterns ist von Rindenabplatzern gekennzeichnet. Hier dringen anschließend Pilze ein und entwerten den Stamm in Windeseile.

Hinzu kommt Ihre Erfahrung. Wenn Sie regelmäßig Holz in Ihrem Wald ernten, so werden Sie registrieren, dass ab einem bestimmten Baumdurchmesser mehr und mehr Exemplare mit beginnender Kernfäule dabei sind. Dies ist ebenfalls ein Zeichen, nun die ausgereiften Spitzenstämme nach und nach zu entnehmen.

Ratzekahl

Die rohste Form der Ernte starken Holzes ist der Kahlschlag. Dabei werden einfach sämtliche Bäume der betreffenden Fläche abgeholzt. Dies ist die primitivste Art, Holz zu nutzen, denn dabei wird viel Porzellan zerschlagen.

Zunächst einmal ist ein Kahlschlag einfach sehr bequem. Es braucht nicht ausgezeichnet zu werden und Sie erhalten auf kleiner Fläche sehr viel Holz. Die Holzernte lässt sich leicht kontrollieren, weil die Arbeiter oder Maschinen einige Tage auf derselben Parzelle arbeiten. Für Holzkäufer ist der konzentrierte Holzanfall ebenfalls positiv, denn sie brauchen ihre LKW nicht kilometerweit durch den Wald zu schicken, um eine Ladung voll zu bekommen. Damit erschöpfen sich aber die Vorteile.

Von Natur aus gibt es in Mitteleuropa keine Waldbrände oder großflächige Sturmwürfe. Beide Ereignisse stellen so etwas wie einen natürlichen Kahlschlag dar, denn dem Ökosystem ist es egal, wer die Bäume zu Fall bringt. Und weil Tiere und

Pflanzen darauf nicht vorbereitet sind, ist es eine regelrechte Katastrophe für die Waldarten.

Fangen wir im Keller an. Sind alle Bäume gefällt, so wird dem Boden der Sonnenschirm genommen. Das wäre so, als lägen Sie in der prallen Mittagshitze an Spaniens Stränden – ohne Schatten und UV-Schutz. Aber auch bei Regen ist alles anders. Im dichten Wald fallen die Tropfen gedämpft; zudem bleibt ein Teil des Niederschlages in den Kronen hängen. Nach einem Kahlschlag fällt das komplette Nass ungebremst auf das schutzlose Erdreich und verursacht Erosion. Ein großer Teil des empfindlichen Bodenlebens verabschiedet sich durch diese radikale Veränderung auf Nimmerwiedersehen. Andere Organismen wiederum profitieren von der plötzlichen Wärme. Bestimmte Pilze und Bakterien laufen jetzt zur Höchstform auf. Sie bauen die jetzt reichlich vorhandene tote organische Masse ab, die in Form von Ästen und Baumstümpfen die Fläche übersät. Und nicht nur das. Der Humus, das wertvollste Kapital des Bodens, wird durch die Erwärmung nun zusehends verdaulich. Innerhalb weniger Jahre wird er ebenfalls von der hungrigen Armada vertilgt. Die kleinen Fresser atmen ebenso wie wir und geben dabei Kohlendioxid an die Atmosphäre ab. Die Menge, die ein Hektar Kahlschlag abgibt, addiert sich im Laufe der Jahre zu gewaltigen 200 Tonnen. Bis der Kohlenstoffkreislauf eines Waldbodens wieder im natürlichen Gleichgewicht ist, dauert es nach Aussagen von Forschern bis zu 500 Jahren. So lange sind auch die mit dem Humus verbundenen Nährstoff- und Wasserkreisläufe gestört.

Und oberirdisch? Da gibt es erst einmal nichts, logisch. Wenn ich solche Kahlflächen sehe, kommt mir ein alter Förstermerksatz in den Sinn: „Holz wächst nur an Holz". Will heißen: ohne Bäume keinen Zuwachs. Was logisch klingt, wird merkwürdigerweise immer wieder missachtet. Wer alle Stämme gleichzeitig erntet, reißt im übertragenen Sinne seine Fabrik ab. Will man künftig wieder produzieren, so muss man sie mühsam und langwierig neu aufbauen. Der einzige kleine Vorteil ist neben den günstigen Erntekosten der große Batzen an Geld, der nun auf einen Schlag anfällt. Nachhaltig kann man

Wertzuwachs

Jede Waldfläche hat einen bestimmten Zuwachs an Holz pro Jahr und Hektar, der bei allen Baumarten und Altersstadien zwischen 5 und 25 Festmetern schwankt. Abzüglich der Entnahmen bei Durchforstungen wächst die Holzmasse ständig an. Die Stämme werden immer dicker, und da stärkeres Holz deutlich besser bezahlt wird als schwaches, steigt der Wert aller Bäume erheblich schneller als der Holzzuwachs. Allerdings gibt es zwischen den einzelnen Bäumen Unterschiede. Astreine, gerade Exemplare steigen mit jedem Zentimeter Durchmesser erheblich im Wert, während astige, krumme oder gar faulende Gesellen nur minimal zulegen. Dickes, schlechtes Holz kann sogar im Wert sinken. Daher erntet man jeden Stamm dann, wenn er finanziell nicht mehr zulegen kann. Im Falle der mangelhaften Bäume ist dieser Zeitpunkt schon in jüngeren Jahren erreicht, weshalb sie bereits bei den Durchforstungen genutzt werden. Die qualitativ besten Bäume lässt man so lange ausreifen, bis auch sie eines Tages zeigen, dass sie bald krank werden. Dann ist kein weiterer Wertzuwachs mehr zu erwarten (ganz im Gegenteil), und nun werden auch sie geerntet. Dieses Ausreifen kann allerdings Jahrhunderte dauern!

Der Kahlschlag: primitiv,
bequem und voller Nachteile.

Ohne Kahlschläge wandert
es sich schöner

Das Starkholzproblem – hoffentlich haben Sie eines!

Immer wieder hört man, dass Waldbesitzer ihr Holz nicht zu stark werden lassen sollten, sprich, dicke Stämme ab 50 Zentimeter Durchmesser würden sich schlecht verkaufen. Diese These ist Ausgangspunkt eines Teufelskreises: Die Förster produzieren mit ihren sturmanfälligen Nadelholzplantagen oft nur dünne Bäume, und die Sägewerke haben sich mit ihrer Technik auf solche Ware eingestellt. Nun zu behaupten, die Sägewerke wollten nichts anderes, und deshalb sollten Fichten & Co. nicht zu alt werden, ist ausgemachter Blödsinn. Ich habe noch nie erlebt, dass sich dickes Holz nicht zu guten Preisen verkaufen lässt. Bei einem Furniersäger in Süddeutschland sah ich einmal Stämme aus den Tropen liegen, über die ich mit meinen 1,98 Metern Körpergröße nicht hinwegsehen konnte. Furnierholz ist beste Qualität, es kann gar nicht stark genug sein. Und genau hier liegt das eigentliche Problem. In unseren Wäldern wächst meist minderwertige Ware heran, astige, krumme oder gar mit Faulstellen behaftete Hölzer. Die mag so recht kaum ein Käufer, und dicke, mangelhafte Stämme schon gar nicht, denn die Bäume werden zerspant oder zerschreddert und zu neuen Werkstoffen zusammengesetzt. Das geht mit dünneren Bäumen besser als mit dicken. Deshalb aber ganze Wälder schon in relativ jungen Jahren abzuholzen, quasi in vorauseilendem Gehorsam, ist betriebswirtschaftlicher Selbstmord. Es muss vielmehr das Ziel sein, hochqualitativen Waldbau zu betreiben. Das geht mit der Plentermethode am besten, und am Ende der Mühen stehen beste Stämme in den Beständen, die den Käufern gar nicht dick genug sein könnten. Insofern kann ich Ihnen ein Starkholzproblem nur wärmstens empfehlen.

Wertvolle Stämme warten auf die Abfuhr. So ein Starkholzproblem wünsche ich Ihnen auch!

diese Gier allerdings nicht nennen. Was wir in der Dritten Welt geißeln, passiert täglich vor der eigenen Haustür. Dieser Raubbau an den natürlichen Ressourcen rächt sich langfristig durch den Rückgang der Bodenfruchtbarkeit und damit des Holzertrages. Doch wer denkt trotz aller öffentlichen Lippenbekenntnisse schon wirklich an die kommenden Generationen?

Um das ökologische Desaster zu verbrämen, werden in staatlichen oder kommunalen Wäldern fünf bis zehn Bäume der Natur überlassen. Sie sollen in Ruhe altern können, sind als Refugium für Spechte und Insekten gedacht und dienen nicht zuletzt als Aushängeschild einer umweltfreundlichen Gesinnung. Dummerweise funktioniert die Natur nicht nach dem Willen der Bürokraten. Die verbliebenen Exemplare leiden so massiv unter dem Schock der Abholzung, dass sie nicht 400 oder 500 Jahre alt werden, sondern die radikale Holzernte nur wenige Jahrzehnte überleben. Sie sterben langsam vor sich hin, indem ihre oberen Kronenäste verdorren und die Rinde der Stämme langsam abplatzt. Die Schuld dafür suchen viele Förster dann aber nicht bei sich, sondern bei Industrie und Verkehr. Deren Abgase seien für das Siechtum ihrer Schutzobjekte verantwortlich. Merkwürdig nur, dass intakte Wälder mit Altbäumen, die in der Nähe stehen, kerngesund sind.

Schließlich gibt es noch ein letztes Argument gegen den Kahlschlag. Bei einer solchen Holzernte werden alle Bäume genutzt, egal ob dick oder dünn, groß oder klein. Das wäre so, als ernteten Sie ein Erdbeerfeld an einem Tag komplett ab. In Ihrem Korb hätten Sie dann ein hübsches Sammelsurium an dicken roten, hellroten, grünen und ganz winzigen Beeren sowie einigen Blüten. Und die Erdbeersaison wäre damit auf einen Schlag beendet.

Ähnlich ist es im Wald. Auch hier wird wahllos alles abgeholzt, bloß weil ein Teil der Stämme erntereif ist. Betriebswirtschaftlich ist das eine Katastrophe, arbeitstechnisch allerdings der Himmel. Kahlschläge sind Maschinenparadiese, denn es gibt hier keine Hindernisse mehr. Was im Weg steht, wird gefällt, denn es soll ja sowieso alles verschwinden. Auch für Sie als Waldbesit-

zer ist alles einfacher: Sie brauchen nichts auszuzeichnen, nichts zu kontrollieren, sondern nach dem Einschlag nur hübsch die Summe der Hölzer zu registrieren und abzurechnen. Und dem Blick auf die hässliche Mondlandschaft kann man doch prima ausweichen, indem man in den sonnigen Süden fliegt – Geld ist ja nun genug da.

Schlachtfest – die Zielstärkennutzung

Z-Baum-System und Zielstärkennutzung – zweimal „Z", und es ist tatsächlich dieselbe Schublade, in die beide gehören, nämlich der Altersklassenwald. Wieder geht es um ein Schema, eine Schablone, in die jeder Baum gepresst werden soll. Diesmal steht nicht die Durchforstung, die Förderung der Elite, sondern deren Ernte und damit das Ende aller Bemühungen im Mittelpunkt. Das Beobachten von Bäumen, das Erkennen ihres beginnenden Siechtums und Zerfalls macht Arbeit und kostet Zeit. Angesichts immer stärkeren Personalabbaus und ständiger Rationalisierungswellen setzen viele Verwaltungen auf einfachere Methoden, um den optimalen Erntezeitpunkt festzustellen. Dazu werden statistische Durchschnittswerte je Baumart festgelegt. Ist der jeweilige Durchmesser erreicht, so gilt das Exemplar als reif. Gemessen wird in Brusthöhe – da kann man den Wert am bequemsten ermitteln.

Der Brusthöhendurchmesser (BHD) wird etwa für Fichte mit 60 Zentimetern und bei Buche mit 80 Zentimetern festgelegt. Nun brauchen Sie als Waldbesitzer nur noch mit der Kluppe, einer großen Schieblehre, durch den Wald zu wandern und zu messen. Sobald Sie Fichten stärker als 60 Zentimeter ermitteln, bekommen diese eine Markierung zur Fällung. Das geht rasch, und Sie brauchen keine weiteren Überlegungen um die Gesundheit des Baumes anstellen. Auch dieses Verfahren darf als primitiv gelten. Selbst wenn Fichten statistisch gesehen oberhalb der festgelegten Zielstärke zu faulen beginnen (und das ist nicht so, wie wir noch sehen werden), so ist doch jedes Exemplar ein Unikat. Ein Baum schwä-

Buchenstamm mit einem Rotkern. So ist das noch akzeptabel, wird dieser rote Kern mit den Jahren jedoch größer und geht womöglich in eine Fäule über, sinkt der Holzwert.

Kernfäule

Dieser Pilzbefall tritt nicht in den Randschichten eines Stammes, sondern in den innersten Jahresringen auf. Ursache ist ein Luftzutritt entweder über kranke Wurzeln oder über die Krone, wo dicke, abgebrochene Äste eine Eintrittspforte für Fäuleerreger bieten. Von diesen Punkten aus zieht sich die Infektion langsam Jahr für Jahr den ganzen Stamm hinauf oder hinunter. Irgendwann erwischt es jeden Baum einmal, denn im Laufe eines langen Lebens gibt es immer irgendwo eine verborgene Verletzung, von wo aus das Unheil seinen Lauf nimmt. Im hohen Alter kommt zudem eine verminderte Abwehrbereitschaft dazu, weil die alten Recken einfach schon müde sind. Trotzdem gibt es keine Faustregel, wann diese Altersfäule beginnt. Je nach Boden, Baumart und Bewirtschaftungsmethode erwischt es manche Bestände schon in ihrer Jugend, manche erst nach 1000 Jahren.

chelt schon mit BHD 50, während ein anderer bei einem Meter Durchmesser noch quietschfidel vor sich hinwächst und bestes Holz produziert. Werden nun alle über einen Kamm geschoren, so werden manche Bäume zu früh, andere hingegen zu spät geerntet – optimal kann so ein Durchschnittswert nicht sein. Und dieses suboptimale Ernten erzeugt finanzielle Verluste.

Die Zielstärke ist auch ein Mittel, schneller an Einnahmen zu kommen. Finanziell ist es immer günstig, einen Baum optimal ausreifen zu lassen, weil dann dickstes, wertvollstes Holz geerntet werden kann. Möchte ein Betrieb aber nicht solange warten, weil seine Kasse leer ist, so senkt er einfach den Zieldurchmesser. Warum sollte man eine Fichte nicht schon mit BHD 50 ernten? Gewiss, eine längere Standzeit könnte den Gesamtertrag deutlich erhöhen, aber wenn das Geld nun gebraucht wird, nützt der künftige Mehrertrag gar nichts. Der abgesenkte BHD verschleiert, dass es hier um eine vorzeitige Nutzung unreifer Bäume geht.

Kommt Ihnen das wie ein Taschenspielertrick vor? Genau so ist es, und leider wird er in öffentlichen Wäldern des Öfteren angewandt.

Letztendlich ist die Zielstärkennutzung die logische Konsequenz der Z-Baum-Methode. Der Schematismus der Durchforstungen wird auch bei der Nutzung alter Bäume fortgesetzt und führt zu Einnahmeverlusten durch die Gleichbehandlung aller Bäume. Konsequent angewandt sind alle Zukunftsbäume im Erntealter annähernd gleich dick und somit auch innerhalb weniger Jahre alle im Zieldurchmesser. Das mündet letztendlich ebenfalls in einem Kahlschlag, wobei dies von öffentlicher Seite so nie zu hören sein wird. Denn wird die Abholzung über zehn oder zwanzig Jahre gestreckt, so findet sich hier und da schon Naturverjüngung ein. Und diese kniehohen Bäumchen zählen ebenfalls schon als Wald, weshalb das Wort „Kahlschlag" zumindest in spitzfindiger Auslegung nicht zutrifft. Ökologisch gibt es da natürlich nichts zu deuten, schließlich verschwinden mit den alten Bäumen viele auf sie angewiesene Arten, wie etwa Spechte oder Fledermäuse.

Wie wäre es mit: weniger Arbeit – mehr Geld?

Kommen wir wieder zu der anfangs beschriebenen Methode zurück. Den höchsten Gewinn erzielen Sie als Waldbesitzer, wenn Sie Ihre wertvollen Stämme zum optimalen Zeitpunkt ernten, wenn diese also langsam nachlassen. Das kostet Zeit, und Sie müssen Ihren Wald gut kennen, um solche Veränderungen zu bemerken. Aber ist das nicht bei jedem Handwerk so? Durch dieses genaue Hinsehen, dieses Abwarten bis zum günstigsten Moment, erzielen Sie nicht nur den höchstmöglichen Gewinn, sondern Sie arbeiten auch hier nach dem Plenterprinzip. Wenn alle paar Jahre nur hier und da ein einzelner Stamm entnommen wird, in dessen Lücke nun ein Halbwüchsiger seine Äste wachsen lassen kann, wenn ansonsten der Wald sich selbst überlassen bleibt und Pflanzung nebst Pflege Fremdwörter sind – was gibt es Schöneres? Die reifen Stämme erzielen Preise, die bis zum zehnfachen über dem der Zielstärkenkameraden aus dem Altersklassenwald liegen. Weniger Arbeit, mehr Geld, schönere Wälder und eine intakte Natur: Hier kann jeder, ob Mensch oder Tier, vollständig zufrieden sein.

Ist das ein Wald? Offiziell schon, aber wo soll hier ein Specht seine Höhle zimmern?

Umwandlung von Fichtenwäldern

Privatwälder wurden nach dem zweiten Weltkrieg bis zu Beginn der 1990er-Jahre häufig mit reiner Fichte aufgeforstet. Ökologisch sind diese Nadelbaumplantagen eine reine Katastrophe, denn heimische Arten können mit diesen Gewächsen vielfach nichts anfangen. Am Boden herrscht selbst tagsüber nur Dämmerlicht, sodass es für andere Pflanzen kein Auskommen gibt. Streng genommen ist so ein Fichtenwald nichts anderes als ein zu groß geratenes Maisfeld.

Warum gibt es überhaupt so viele Fichten-, aber auch Kiefernwälder? Die eigentliche Ursache liegt in den hohen Wildbeständen. Die Lieblingsspeise von Reh und Hirsch sind Laubbaumblätter und –knospen. Vielerorts ist seit hundert Jahren keine Pflanzung von Eichen oder Buchen ohne aufwendige Zäune mehr möglich. Das kostet Nerven und vor allem viel Geld. Warum nicht einfach zur billigen Nadelholzkultur greifen? Hier bezahlt der Waldbesitzer nur die Hälfte; zudem mögen die großen Pflanzenfresser die benadelten Triebe nicht besonders. Und noch einen Vorteil bieten die Koniferen: Sie wachsen meist gerade, komme, was wolle. Denn im Gegensatz zu Laubhölzern nutzen sie seitliches Licht nicht dazu aus, schief zu wachsen, nein, sie bleiben stur bei der Lotrechten. Das Resultat sind eines Tages schön gerade Stämme, die sich ohne Probleme an das nächste Sägewerk verkaufen lassen. Und dennoch rate ich Ihnen zum Umbau Ihrer Fichtenwälder, so Sie denn welche besitzen. Denn sie sind so risikobehaftet, dass die ökonomische Bilanz recht dürftig ausfällt. Zusammen mit den ökologischen Nachteilen sind Fichten & Co. keine lohnende Investition.

So sieht der Waldumbau nach 40 Jahren aus – ein wenig Geduld müssen Sie schon haben.

Fichtenplantage: Außer Moos nichts los.

Entscheiden Sie sich dafür, Ihre Fichten loszuwerden, so gilt vor allem eines: Geduld. Denn Hast vertragen weder die Bäume noch der Boden. In den Nationalparks, etwa dem Harz oder der Eifel, kann man betrachten, was Ungeduld anrichtet. In beiden Fällen sollen Buchen zurückkehren und die Fichten ablösen. Dazu werden einfach große Flächen kahl geschlagen – damit ist das Nadelholzproblem gelöst. Nun wird noch flugs die Buche gepflanzt, und schon kann man sich stolz auf die Schulter klopfen. Offiziell ist aus dem Nadelwald nun ein Laubwald geworden, und zumindest statistisch gesehen ist dies ein Fortschritt. Tatsächlich jedoch leiden die jungen Bäumchen, bekommen in der prallen Sonne der Kahlfläche gelbe Blätter und kümmern in den ersten Jahren vor sich hin. Fassen sie dann endlich Fuß, so schießen sie in die Höhe und wachsen um die Wette. Normal ist das nicht, denn das langsame Jugendwachstum im Urwald hat schon seinen Sinn. Nur in Zeitlupe geht es unter den Mutterbäumen nach oben, und das sorgt für extrem widerstandsfähiges Holz. Bäume, die auf einen Kahlschlag gepflanzt werden, können schon kurz jenseits der hundert Jahre anfangen zu kränkeln, denn ihr ungesund rasches Wachstum führt zu einer Erschöpfung der Kräfte. Dagegen sind Urwaldzöglinge wahre Marathonläufer, über deren mögliches Höchstalter jenseits der 400 Jahre recht wenig bekannt ist.

Es gilt also, unsere Ungeduld zu zügeln und den Wechsel so zu gestalten, dass er den Bedürfnissen der Buchensetzlinge gerecht wird. Der erste und wichtigste Schritt ist die Vermeidung eines Kahlschlages. So können Sie die Nadelbäume noch als Stiefeltern für den Laubbaumnachwuchs nutzen. Zudem wächst auch an den alten Fichten und Kiefern noch einiges an Holz zu. Wir erinnern uns: Eine Plenterdurchforstung kann man mit jedem Waldbestand machen, ein Plenterwald wird daraus allerdings erst nach vielen Jahrzehnten.

Es werden demnach, wie gehabt, die dicken schlechten Exemplare entnommen, und zwar stets so viel Holz, wie seit der letzten Durchforstung nachgewachsen ist. In die entstehenden kleinen Lücken können Sie nun Buchen und vielleicht auch einige Weißtannen pflanzen. Weitere Baumarten, wie Eichen, Ahorne oder Vogelbeeren, steuert die Natur bei. Besonders einfach und preiswert funktioniert die erwähnte Methode mit den Saatkisten, die auf Baumstümpfe montiert werden.

Pro Hektar sollten, egal ob durch Naturverjüngung, Saat oder Pflanzung, abschließend mindestens 2000 Bäumchen vorhanden sein. Ich habe es auch schon einmal nur mit der Hälfte probiert. Das hat sich aber als zu wenig herausgestellt. Denn ein Teil der so bepflanzten Flächen wurde von Stürmen gebeutelt, und die Fichten verschwanden schneller, als mir lieb war. Die

1000 kleinen Buchen waren nun zu wenig, um einen geschlossenen Wald zu bilden, zumal die fallenden Nadelbäume mehr als die Hälfte der Setzlinge zerschlugen. Meine Hoffnung, dass sich rasch Birken und andere Laubhölzer von selbst aussäen würden, erfüllte sich nur teilweise. Optimal wäre es, wenn die Stiefeltern noch 100 Jahre stehen bleiben würden – das wäre für den Nachwuchs besser, und dann würden auch weniger Pflanzen reichen.

Egal für welches Vorgehen Sie sich entscheiden, nach einigen Jahren stehen die kleinen Bäumchen hoffentlich gut angewachsen in der feuchten Walderde. Der weitere Werdegang ist recht simpel: Sie durchforsten einfach weiter, wie gehabt. Wenn Sie dabei immer nur den laufenden Zuwachs entnehmen, bleibt das Dämmerlicht des Waldes, Grundvoraussetzung für das langsame Wachstum der Verjüngung, kontinuierlich erhalten. Hier und da entsteht durch eine Fällung eine kleine Lücke, die von den Nachbarbäumen im Laufe der kommenden Jahre wieder geschlossen wird, indem sich ihre Krone dort hinein ausbreitet. Diese kurze Zeitspanne nutzen die kleinen Buchen, Weißtannen und die anderen Zöglinge, um in diesem temporären Lichtschacht ein paar Meter in die Höhe zu wachsen. Manchmal passiert nun zehn, zwanzig Jahre nichts mehr auf dieser Stelle, weil Sie in dieser Zeit bei den nächsten Durchforstungen zufällig etliche Meter weiter andere Bäume entnehmen. Dann wieder (vielleicht gehört der Wald nun schon Ihren Kindern) ist erneut ein Baum über der wartenden Junggruppe fällig und muss weichen. Abermals fällt Licht auf die Wartenden, erlaubt ihnen endlich, ein paar Meter Höhe zu gewinnen. Eines Tages, die 100 Jahre enden bald, stehen nur noch wenige Fichten oder Kiefern auf Ihrer Waldparzelle. Zwischenzeitlich sind die ersten Buchen und Weißtannen zu den alten Nadelbäumen aufgeschossen, haben sie eingeholt und schicken sich an, die Führung zu übernehmen. In einem letzten Schritt können nun Ihre Urenkel die verbleibenden Reste der ehemaligen Plantage fällen, und übrig bleibt ein Plenterwald aus heimischen Baumarten.

Was sind 100 Jahre bezogen auf eine Baumgeneration?

Bei regelmäßiger Durchforstung entstehen kleine Lücken, durch die Sonnenlicht bis zum Boden dringt.

Eine solche Umwandlung hat nur Vorteile. Abgesehen von der kleinen Investition in den Baumnachwuchs können Sie Ihren Wald ganz normal weiter bewirtschaften, können Holz ernten und Einnahmen erzielen. Gleichzeitig sinkt das Risiko von Stürmen und Insektenbefall mit jedem Jahr spürbar, denn selbst wenn alle Altfichten- und Kiefern schlagartig ausfallen sollten, steht die nächste Generation ja schon zu ihren Füßen. Einen Kahlschlag mit der Notwendigkeit, wieder aufzuforsten, kann es mit dieser Betriebsweise nicht geben.

Durch den Voranbau erhöht sich auch die Artenvielfalt – Sie haben ja nun anstatt einer Baumart mehrere zu bieten, und damit erschließen sich für viele Tiere und Pflanzen, die mit Nadelhölzern nichts anfangen können, neue Lebensräume. Ich habe von einer Tagung noch einen Merksatz eines Professors im Ohr, und der lautete wie folgt:

„Eine Verdoppelung der Artenanzahl bedeutet eine Steigerung der Wirtschaftlichkeit um 25 %". Verdoppelung? Schon wenn Sie Buchen unter Fichten pflanzen, haben Sie in Ihrem Forst anstelle nur einer Baumart sofort zwei.

Tipp:

Fragen Sie bei Ihrem örtlichen Forstamt nach, ob es für die Pflanzung von Buchen oder Weißtannen in ältere Nadelholzbestände Fördergelder gibt. Eine solche Pflanzung nennt sich Voranbau, weil hier die Nachfolgebäume unter die noch stehenden Altstämme gesetzt werden. Die Umwandlung von Monokulturen ist politisch gewollt, und pro Setzling gibt es teilweise bis zu einem Euro – damit sind die Kosten bestens abgedeckt. Fragen Sie also nach Zuschüssen für Voranbauten und machen Sie dies ein Jahr im Voraus. Geld gibt es nämlich nur für Maßnahmen, die bei der Bewilligung noch nicht begonnen wurden (und dazu zählt schon die Bestellung der Pflanzen).

Wald in Gefahr

Störfeuer

Theoretisch wissen Sie nun, wie Sie ökologisch wirtschaften und einen Plenterwald aufbauen können. Mit den Jahren werden Sie ein Gefühl dafür entwickeln, was Ihrem Wald gut tut und was nicht. Trotzdem werden Sie manchmal auf der Stelle treten oder gar herbe Rückschläge erleiden. Und in der Regel ist daran eine Gruppe von Naturnutzern schuld, die in Mitteleuropa ganze Landschaften umgestalten: die Jäger. Sie haben die Bestände großer Pflanzenfresser landauf, landab derart hochgeschraubt, dass diese Herden ganze Waldgebiete zerfressen. Doch der Reihe nach.

Seit 1848, dem Jahr des Umbruches in Deutschland und dem Startpunkt der Demokratie, ist das Jagdrecht mit dem Grund und Boden verbunden. Die Revolutionäre nahmen dem Adel das Privileg, einfach überall, auch auf den Parzellen der darbenden Bauern, Wild zu hegen und zu schießen. Die grasenden Hirsche und Rehe fraßen bis dato regelmäßig Korn und andere Feldfrüchte, und die ohnmächtige Landbevölkerung musste tatenlos zusehen, wie ihre Ernte in den Mäulern der ungebetenen Gäste verschwand. Das hatte in der Vergangenheit schon so manche Hungersnot ausgelöst.

Nach der Revolution durfte zunächst jeder Besitzer auf seiner Scholle schießen, was ihm vor die Büchse kam. Dem schob der (durch den Adel beeinflusste) Gesetzgeber schnell wieder einen Riegel vor. Denn die Wildbestände nahmen nun drastisch ab und erreichten wieder fast ein natürliches Niveau. Erst ab (je nach Landstrich) 75 Hektar zusammenhängender Fläche durfte geschossen werden. Wer nicht so viel Land besaß, musste fortan entweder ordentlich zupachten oder sich zwangsweise mit anderen Kleinbesitzern zu einer Jagdgenossenschaft zusammenschließen. Raten Sie mal, wer dann das Jagdausübungsrecht auf den Flächen dieser Zwangsgemeinschaften pachtete. Der Erfolg stellte sich bald ein: Die Zahlen von Reh, Hirsch und Wildschwein schwollen wieder an, ein Trend, der aktuell immer noch anhält. Denn damals wie heute geht es den meisten Jägern um möglichst große Populationen der jeweiligen Art, weil nur dann statistisch gesehen jedes Jahr Abschüsse von Tieren mit großen Trophäen möglich sind. Begehrt sind Geweihe von Hirschen und Rehen sowie die Eckzähne der Wildschweine. Vor allem durch Fütterung, aber auch die Bekämpfung zurückkehrender Raubtiere wie Wolf und Luchs, vermehren sich die bevorzugten Arten, sodass von einer regelrechten Trophäenzucht gesprochen werden kann. So gehen Fachleute davon aus, dass für jedes Kilogramm Wildschweinfleisch mehrere Kilogramm Körnermais in die Landschaft gestreut werden. Mit diesen Futtermengen ließen sich die Tiere auch im Stall mästen. Offiziell schieben die lodengrünen Schützen die Schuld gerne auf den Klimawandel oder die moderne Landwirtschaft, um von ihrem Treiben abzulenken.

Durch diese „Hege" sind mittlerweile bis zu 50mal mehr große Pflanzenfresser in den Wäldern unterwegs als von Natur aus. Und diese Tiere bedienen sich unter anderem an Ihrem Wald, doch dazu gleich mehr.

Leider wurde die Zwangsregelung des 19. Jahrhunderts fortgeschrieben und gilt bis heute, obwohl die Wildschäden wieder untragbare Höhen erreicht haben.

Die Wildschäden haben untragbare Höhen erreicht!

Dieser kapitale Hirsch ist ein beeindruckendes Tier - dem Wald schadet er aber manchmal mehr als andere Waldtiere.

Besitzen Sie deutlich weniger als 75 Hektar zusammenhängende land- oder forstwirtschaftliche Fläche, dann finden auch Sie sich zwangsweise in einer Jagdgenossenschaft wieder. Möglicherweise ändert sich demnächst etwas an der Rechtslage, denn der Europäische Gerichtshof für Menschenrechte hat für einen Einzelfall festgestellt, dass eine Jagdausübung gegen den Willen des Grundeigentümers nicht zulässig ist. Ob diese Entscheidung in nationales Recht umgesetzt wird, steht noch in den Sternen. Und bis dahin sind Sie, ob Sie wollen oder nicht, Jagdgenosse.

Aus dem Kreise der Grundeigentümer wird ein Vorstand gewählt, der dann über die Art der Jagd entscheidet. Und weil sich kaum jemand das Wildtiermanagement über mehrere Quadratkilometer Landschaft zutraut, wird die Jagd in der Regel verpachtet. Das ist schön bequem: Der Pächter zahlt jährlich einen satten Preis, der zwischen wenigen Euro und 50 Euro pro Jahr und Hektar schwankt. Dafür verpflichtet er sich, alle behördlich vorgeschrieben Abschüsse zu tätigen und Wildschäden an land- und forstwirtschaftlichen Kulturen zu bezahlen. Läuft alles vorschriftsmäßig, dann werden die Bestände von Hirsch & Co. im Zaum gehalten. Die Jagdbe-

Sie sehen so harmlos aus, die paar Kastanien, die der Jagdpächter hier ausgestreut hat, und gefährden doch Ihr junges Laubholz.

Typische, harmlos wirkende Wildschweinfütterung. Sie wird täglich aufgefüllt und ist nur eine von vielen pro Revier, sodass die Gesamtmenge verschleiert wird.

hörden wachen darüber, dass der Wald nicht zu stark geschädigt ist und greifen notfalls auch mit Zwangsmaßnahmen ein.

Soweit die Theorie. In der Praxis gibt es oft eine unheilvolle Nähe der zuständigen Beamten zu den Jägern, und kommen die Waidmänner ihren Pflichten nicht nach, so bleibt es bei unverbindlichen Ermahnungen. Einzig die Jagdgenossenschaft könnte jetzt wirkungsvoll handeln, könnte Verträge mit entsprechenden Eingriffsmöglichkeiten gestalten und bei deren Nichtbeachtung strafen oder kündigen. Doch die Musterpachtverträge stammen allzu oft von der Jägerlobby und gleichen damit Papiertigern. Lediglich der Wildschadensersatz ist brauchbar geregelt und wird komplett auf den Pächter übertragen.

Im Wald gilt die Stichtagsregel!

Die Jagdgenossenschaft gibt mit dem Jagdausübungsrecht auch gleich die Verantwortung ab und ist so aus dem Schneider. Allerdings verliert sie damit auch weitgehend die Kontrolle über das Eigentum ihrer Mitglieder, dabei ist sie gesetzlich verpflichtet, dieses zu schützen. Denn auf eine Idee scheint niemand zu kommen: Warum sollte die Jagd überhaupt verpachtet werden? Könnte die Genossenschaft nicht selbst die Wildbestände regulieren? Selbstverständlich! Und es gibt tatsächlich (ganz wenige) Bezirke, in denen das so gehandhabt wird. Selbst in meinem Revier hat der Vorstand für einen großen Jagdbezirk beschlossen, diesen künftig in die eigene Hand zu nehmen.

Die herangefütterten Heerscharen von Rehen, Hirschen und Wildschweinen haben Hunger, und den stillen sie nur zu einem kleinen Teil an den Fütterungen.

Der große Rest wird in der freien Landschaft gesucht. Was uns schmeckt, kommt dem Wild gerade recht. Feldfrüchte, fette Wiesen, zarte Baumschösslinge oder Eicheln und Bucheckern, alles wandert in die Mägen. Die Bauern werden für die Verluste zu 100 % entschädigt. Dazu werden innerhalb einer Woche die Schäden schriftlich gemeldet und anschließend amtlich der monetäre Ausgleich festgelegt. Oft einigt man sich aber auch direkt vor Ort und lässt das offizielle Verfahren bei Seite. Die Landwirte sind in der Regel zufrieden.

Im Wald ist das leider ganz anders. Hier gilt die Stichtagsregel. Schäden können nur halbjährlich, und zwar zum 1. Mai und zum 1. Oktober, gemeldet werden. Abgerechnet kann immer nur das werden, was seit dem letzten Stichtag angefallen ist, also innerhalb der letzten sechs Monate. Das ist fatal. Zum Einen müssten Sie nun halbjährlich Ihren Wald auf Schäden kontrollieren, und das ist zumindest bei größeren Flächen sehr mühsam. Und im Gegensatz zum Acker, bei dem das Spiel jedes Jahr von vorne beginnt und Schäden aus der letzten Saison keine Rolle mehr spielen, summiert sich im Wald alles auf. Und zwar ganz langsam.

Dazu ein Beispiel:

Sie besitzen einen Fichtenbestand von einem Hektar Größe, dessen 600 Bäume 25 Jahre alt sind. Eines Tages entdecken Hirsche Ihr Wäldchen und bleiben für einige Stunden dort. Als Snack gönnen sie sich die saftige Rinde einiger Bäume. Als das Rudel weitergezogen ist, bemerken Sie die Fraßschäden. Es sind nicht allzu viele, nur jeder 30. Baum ist beschädigt. Die könnten Sie bei der nächsten Durchforstung einfach herausnehmen, dann wäre die Sache wieder in Ordnung. Dummerweise macht das Hirschrudel von nun an jedes Jahr einen Zwischenstopp bei Ihnen (ja, das ist tatsächlich sehr häufig so), und für unser Beispiel nehmen wir an, dass dem Appetit der großen Pflanzenfresser immer drei Prozent der Bäume zum Opfer fallen. Nun könnten Sie bei jeder Durchforstung die ramponierten Stämme fällen, doch damit geben Sie allmählich Ihre waldbauliche Gestaltung aus der Hand. Die Hirsche „durchforsten" ja nicht mit dem Fernziel Plenterwald, sondern nehmen einfach die nächststehenden Bäume. Wenn Sie bei der Holzernte immer vom schlechten Ende her nutzen, müssen die geschälten Exemplare weichen, denn diese beginnen zu faulen. Bereits nach zehn Jahren

können drei bis fünf Meter des unteren Stammabschnittes durch Pilzbefall entwertet sein. Da hier der Baum am dicksten ist und der Holzwert mit jedem Zentimeter Durchmesser besonders stark steigt, beträgt der rechnerische Verlust der unteren fünf Meter bis zu 80 % des gesamten Baumes. Da ist es doch besser, das Licht und den Platz einem ungeschälten Nachbarn zur Verfügung zu stellen.

Wildschweine machen keine Schäden? Das stimmt nicht, denn sie fressen nicht nur die meisten Eicheln und Bucheckern, sondern scheuern auch ganze Stämme kaputt.

Schälschaden

Hirsche und Muffelschafe fressen, wenn nichts anderes greifbar ist, auch Baumrinde. Dazu ziehen sie mit den Schneidezähnen des Unterkiefers (im Oberkiefer haben sie keine) die Borke von unten nach oben ab. Im Winter, wenn die Bäume kaum Wasser enthalten, gelingen ihnen oft nur ein paar Kratzer. In der warmen Jahreszeit dagegen lässt sich die Rinde in ganzen Bahnen bis aufs blanke Holz abziehen. Der Schaden für den Baum ist umso größer, je mehr Holz offen liegt. Hier können nun Pilze eindringen und verursachen

eine Holzfäule, die den Stamm entwertet. Oft ist dann ein Wintersturm das Aus, weil der Baum an dieser Sollbruchstelle knickt.

Geschält werden jüngere Bäume, meist im Alter zwischen 10 und 60 Jahren, denn später wird die Rinde zu rau und zu dick.

Rehe vergreifen sich übrigens nicht in dieser Form am Wald, denn dafür ist ihr zartes Gebiss offensichtlich zu schwach (oder Rinde schmeckt ihnen einfach nicht).

Von Hirschen geschälte Fichte.

Solche Bäume werden am besten sofort markiert und gefällt, denn sie verfaulen sonst.

In einem 25-jährigen Bestand ist der Schaden also zunächst nicht allzu groß, denn wenn Sie die paar Bäumchen sofort entnehmen, ist das Holz noch nicht einmal faul. Melden Sie den Schaden nun bei Ihrer kommunalen Behörde an, so schätzt ein Sachverständiger die finanziellen Einbußen anhand einer offiziellen Tabelle.

Und hier könnte man fast vermuten, dass diese von Jägern mitgeschrieben worden sei, um die Schäden zu bagatellisieren. Die Werte etwa der Hilfstabellen des Ministeriums für Umwelt, Forsten und Verbraucherschutz Rheinland-Pfalz weisen je geschälte Fichte eine Summe zwischen 0,82 € (20-jähriger Bestand) und 5,81 € (70-jähriger Bestand) auf, bei Buche sind die Werte noch geringer. Für Ihren Hektar mit 20 befressenen 25-jährigen Fichten ergibt sich eine Entschädigung von 1,19 Euro pro Baum. Damit muss die Jagdgenossenschaft oder der Jagdpächter 23,80 Euro an Sie auszahlen.

Um diese winzige Summe zu erhalten, mussten Sie Ihren Wald kontrollieren, einen Antrag stellen, mit einem Sachverständigen abermals die Fläche begutachten und anschließend ein Protokoll ausfüllen. Da ist der Schadensersatz ein schlechter Stundenlohn! Es wundert nicht, dass kaum jemand seine Schäden anmeldet. Die meisten Waldbesitzer verzichten auf die ganze Aktion. Die geringe Entschädigung ersetzt aber nicht den wahren Verlust. Ich habe das einmal für meinen Betrieb durchgerechnet und komme pro Baum auf das Zwanzigfache, denn das wertvolle untere Stammstück entwickelt sich ja nun zu Faulholz. Und ein Festmeter gute Fichte (und diese Menge enthält das untere erntereife Fünf-Meter-Stück) kostet immerhin um die 100 Euro.

Fast noch gravierender als der finanzielle Verlust ist die Unmöglichkeit, Ihre Plenterwaldziele umzusetzen. Selbst wenn die größeren Bäume irgendwann eine zu grobe Rinde aufweisen, sich mithin selber schützen, so wird der kleinere Nachwuchs gnadenlos kaputt gefressen. Wenn Sie diese beschädigten Exemplare entnehmen, machen Sie aus Ihrem Bestand einen einförmigen Altersklassenwald, in dem nur noch die Großen stehen bleiben. Und lassen Sie die faulenden Kleinen weiter wachsen, so erhalten Sie zwar optisch einen Plenterbestand, finanziell wird daraus aber keine Freude mehr erwachsen.

Nun könnte man sagen, dass drei Prozent Schälschäden je Jahr doch verkraftbar sein müssen. Durch die lange Produktionszeit von Holz summieren sich diese geringen Zahlen im Laufe von Jahrzehnten jedoch zu einem Totalschaden, denn eines Tages ist selbst der letzte Baum beschädigt. Jetzt kommen auch mit den geringen offiziellen Schadenssummen ordentliche Beträge zusammen. Doch da Sie immer nur die letzten sechs Monate abrechnen dürfen, müssten Sie Ihr Leben lang jedes halbe Jahr die Kleckerbeträge zusammen sammeln.

Ähnliches ergibt sich bei Verbissschäden. Auch hier gilt die Stichtagsregelung, auch hier gibt es nur lächerliche Centbeträge pro geschädigter Pflanze. Hier ebenfalls beispielhaft ein Auszug aus den Hilfstabellen des Ministeriums für Umwelt, Forsten und Verbraucherschutz Rheinland-Pfalz: Pro abgefressener Fichte werden 24 Cent, pro Kiefer 18 Cent, pro Douglasie 25 Cent und pro Eiche oder Buche 36 Cent angesetzt. Die Zahlen gelten pro Jahr, um das die Pflanze im Wachstum zurückgeworfen wird. Stirbt sie infolge des Schadens ab, so kommt noch ein Kostenersatz für eine Nachpflanzung hinzu. Berücksichtigt wird leider nicht, dass aus verbissenen Bäumchen nur noch Krüppel werden.

Da der Leittrieb ausfällt, übernimmt nun ein Seitenästchen das Wachstum nach oben, und dafür ist es eigentlich gar nicht geeignet. Doch Gutachter gehen einfach davon aus, dass ein Verbiss der obersten Knospe die Pflanze nur um ein Jahr im Wachstum zurückwirft.

Bei abgestorbenen Pflanzen werden die Kosten ersetzt (Pflanze plus Pflanzlohn) sowie der Verlust des Wertzuwachses pro Jahr gemäß Tabelle.

Verbiss

Rehe, Hirsche und andere Pflanzenfresser lieben Baumknospen und frische Triebe, denn darin stecken viele Nährstoffe in konzentrierter Form. Wird der obere Trieb (Leittrieb) eines Bäumchens abgebissen, so entwickelt sich ein Seitenast nach oben und übernimmt die Führung. Doch dieser kann nicht so gerade wachsen wie der ursprüngliche Spross: Der Baum wird krumm und wellig. Pro Tag kann ein Reh im Winter über 1000 Jungbäume befressen. Mit wenigen Tieren pro Quadratkilometer hält dies ein Wald aus, bei 50 und mehr großen Pflanzenfressern (und dies ist heute leider der Normalfall) wird der Boden jedoch geradezu leer gefegt.

Beim Wild gibt es klare Vorlieben: So werden Laubbäume bevorzugt verspeist; die stechenden Nadelbäume, wie Fichte oder Kiefer, nimmt es nur im äußersten Notfall. Dadurch erhalten die Nadelbäume einen Vorteil, denn ihre blättertragende Konkurrenz wird durch den Fraß ausgeschaltet. Das Ziel, laubholzreiche Wälder aufzubauen, scheitert bei zu hohen Beständen.

Auch Wildschweine beteiligen sich an diesem Ausverkauf, indem sie Eicheln und Bucheckern oft bis auf das letzte Krümelchen aus dem Boden graben und verzehren. Die von vielen Jägern betonten Vorzüge dieser Wühlerei, die das Erdreich lockern soll und angeblich ein ideales Keimbett für Baumsamen liefert, gibt es so nicht. Denn wo nichts mehr ist, kann auch nichts mehr keimen. Die wenigen Sämlinge, die es trotzdem schaffen, werden dann bereits sehnsüchtig von Hirsch und Reh erwartet.

Bild oben: Buchenkeimlinge werden meist innerhalb weniger Tage vom Wild gefressen, und wo kein Bäumchen, da können Sie auch keinen Schaden anmelden.

Bild Mitte: Über Jahre verbissene Hainbuche. Daraus wird kein vernünftiger Baum mehr.

Bild unten: Diese kleine Eiche hat leider verloren, weil ein Reh vorbeikam und Hunger hatte.

Der Gutachter bewertet leider auch nicht, dass Sie nicht die Baumarten pflanzen oder säen können, die am besten zu Ihrem Konzept passen. Für den Plenterwald eignen sich ideal Buchen und Tannen – leider schmecken sie dem Wild besonders gut. Wenn diese Arten immer wieder abgefressen werden, müssen Sie irgendwann notgedrungen auf andere ausweichen, die verschont bleiben. Aus diesem Grunde gibt es in Mitteleuropa, dem einstigen Lauburwaldland, so viele Fichten- und Kiefernwälder. Die mag kaum ein Reh oder Hirsch, und die meisten Waldbesitzer sind es einfach leid, immer wieder von vorne anzufangen. Auch in Hümmel gibt es solche Flächen aus meinen ersten Jahren als Gemeindeförster. Auf großen Windwurfflächen, verursacht durch den Sturm Wiebke 1990, sollten ursprünglich Eichen gepflanzt werden. Damals war das nicht umzusetzen, denn die Wildbestände quollen förmlich über. Da entschied mein Chef, der Forstamtsleiter, dass Kiefern gepflanzt werden sollten. Die wachsen heute langsam vor sich hin, werden zu krummen, astigen Stämmen, wurden aber immerhin nicht zum Opfer von Pflanzenfressern.

Angesichts des Klimawandels ist es heute dringender denn je, stabile, heimische Laubwälder herzustellen. Doch durch die ungeklärte Wildsituation wird vielerorts nach Sturmwürfen immer wieder Nadelholz gepflanzt, von dem man noch nicht einmal weiß, ob es die nächsten zwanzig Jahre überlebt. Dieser Schaden, dieses Risiko, ist in Geld kaum noch auszudrücken. Doch solange die amtlichen Entschädigungssätze so niedrig sind, kommt behördlicherseits auch kein Verständnis für die Sorgen von Besitzern kleiner Waldparzellen auf.

Die Landesforstverwaltung von Rheinland-Pfalz hat einmal den Schaden beziffern lassen, den ein Hektar zerfressene Naturverjüngung verursacht: Es sind bis zu 6 500 Euro. Bei Schälschäden liegt der tatsächliche Wertverlust je Baum bei rund 25 Euro. Würden diese Summen von den Jagdgenossenschaften oder Pächtern zurückgefordert, dann endete das Füttern und Hegen von Wildtieren auf Kosten der Waldbesitzer ganz schnell.

Trostlose Kiefernplantagen wie diese sind oft nur Ausdruck der Resignation des Waldbesitzers vor dem Treiben der Jäger.

Ärmel hochkrempeln, bitte!

Nun ist es nicht so, dass Sie diesem Treiben tatenlos zusehen müssen. Es gibt eine ganze Reihe von Optionen, die Ihnen zur Verfügung stehen. Zunächst sollten Sie die Situation in Ihrem Wald einschätzen: Wie groß ist das Problem mit Verbiss und Schäle?

Schadensanalyse

Pflücken Sie gerne Blumen? Dann machen Sie das doch in Ihrem Wald und schauen dabei gleich nach dem Rechten. Es gibt etliche Arten, die uns Hinweise auf das heimliche Festmahl ungebetener tierischer Gäste geben. Ähnlich wie auf einer ungepflegten Viehweide bleiben auch im Wald Pflanzen übrig, die Rehen und Hirschen nicht schmecken. Vertreter dieser Kategorie sind Fin-

gerhut, Fuchskreuzkraut, Ginster und Spätblühende Traubenkirsche.

Setzen sich diese Arten durch, so ist das ein ganz klarer Hinweis auf überhöhte Wildbestände. Rehe und Hirsche lassen sich ja nicht zählen, auch wenn Jäger immer wieder etwas anderes behaupten. Bloß weil man nichts sieht, heißt das noch lange nicht, dass nichts da ist. Die Tiere verstecken sich bloß meisterhaft, um ihren menschlichen Verfolgern zu entgehen. Veränderungen an der Vegetation geben da viel zuverlässiger Auskunft über näherungsweise Populationsgrößen.

Die Brombeere ist ebenfalls ein Zeiger für viel Verbiss. Zwar werden ihre Blätter gerne im Winter gefressen, da sie immergrün sind, aber die dornigen Ranken bleiben verschont. Haben Sie dagegen mehr Himbeere im Wald, dann sieht es schon besser aus. Sie können nur wachsen,

Schreckgespenst Unkraut

Immer wieder lese ich in Fachzeitschriften von regelrechten Ungeheuern, die es zu vernichten gilt. Im Osten wütet die Spätblühende Traubenkirsche, ein Baumimport aus Nordamerika. Hier bei uns werden daraus nicht viel mehr als Gebüsche, die ganze Waldlandschaften unterwandern und oft jegliche Naturverjüngung heimischer Baumarten ersticken. Ähnlich aggressiv verhält sich die Brombeere. Auf Kahlflächen und in aufgelichteten Wäldern verhindert sie durch mannshohe Gestrüppe,

dass andere Pflanzen eine Chance bekommen. Nun entwickeln Fachleute verschiedenste Methoden, um diese Plagen wieder los zu werden. Vom Ausmähen über das Mulchen mit schwerstem Gerät bis hin zur Giftspritze werden Empfehlungen ausgesprochen, die mit der offiziell betriebenen Ökoforstwirtschaft nichts zu tun haben. Dabei ist die Lösung so einfach: Es müsste nur mehr Wild geschossen werden. Denn was wir mit diesen „Unkräutern" sehen, ist nichts Anderes als ein Überweidungsef-

fekt, der bewirkt, dass übrig bleibt, was nicht schmeckt.

Noch besser wäre die Rückkehr von Wolf und Luchs auf großer Fläche, denn die Raubtiere vertreiben die Pflanzenfresser aus den Bereichen mit jungen Bäumen (dort ist es zu unübersichtlich und damit zu gefährlich). Aber an die verknöcherten Jagdstrukturen mit ihren Trophäenzucht -und Fütterungsorgien traut man sich nicht so richtig heran, und deshalb wird lieber an den Symptomen kuriert, als die Ursache zu beseitigen.

wenn der Wildbestand einigermaßen im Lot ist. Zudem wirken ihre Blätter, die im Herbst abgeworfen werden, stark humusverbessernd. Da sie nie so dominant wuchert wie die Brombeere, ist die Himbeere eine ideale Kinderstube für junge Bäume auf einer Kahlfläche.

Bei idealen Reh- und Hirschpopulationen tauchen andere Blütenpflanzen auf. Das Waldweidenröschen darf als klassischer Anzeiger für ein ausgewogenes Wald-Wild-Verhältnis gelten, steht es doch auf der Hitliste der Lieblingsspeisen ganz oben. Andererseits kann es sich mit seinen an flockigen Haaren fliegenden Samen rasch ausbreiten. Taucht es in Ihrem Wald auf, so können Sie sich beruhigt zurücklehnen: alles in Ordnung!

Analog zu den Blütenpflanzen gibt es auch eine Rangfolge bei den Bäumen, speziell bei der Naturverjüngung. Je nach Anzahl der Pflanzenfresser pro Hektar setzen sich heimische, aber leider meist sehr schmackhafte Bäumchen, oder nicht heimische, wehrhaftere Exemplare durch.

Und noch etwas Grundsätzliches: Bäume sind sehr konkurrenzstark und sogar gewalttätig gegenüber anderen Pflanzen. Daher würde

überall in Europa, auf jedem trockenen Fleckchen Land bis hinauf zur Baumgrenze, nur Wald stehen. Gräser, Stauden oder Sträucher hätten von Natur aus gar keine Chance und würden sofort von Buchen, Eichen und anderen Laubhölzern überwachsen. Im Schatten der großen Bäume würde das Licht allenfalls für deren Nachwuchs reichen, nicht jedoch für Offenlandarten.

Nur wenn der Mensch die Rahmenbedingungen verändert, Kahlschläge produziert oder große Pflanzenfresser durch Fütterung massiv vermehrt, wendet sich das Blatt. Die Sämlinge werden wieder und wieder verbissen, bis sie entweder absterben oder als Bonsais vor sich hinvegetieren.

Nun können sich auch kleinere Spezies und sogar Gräser ausbreiten, eigentlich typische Vertreter der Steppe. Gras unter Bäumen ist demnach immer ein Alarmzeichen und signalisiert, dass Sie in Ihrem Wald nicht alle Arten von Naturverjüngung heranziehen können.

Ein Sprichwort sagt: „Wo der Wolf geht, wächst der Wald" – denn er hat Hunger auf Rehe.

Was Pflanzen uns verraten!

Wenn bestimmte Pflanzen verbissen werden, weisen sie auf entsprechend hohe Bestände an Rehen oder Hirschen hin. Bei hohem Verbiss werden die Pflanzen der niedrigeren Stufe ebenfalls verbissen, also bei Schäden etwa an der Himbeere werden auch Weidenröschen abgeäst. In diesem Sinne lässt sich die relative Wilddichte am Pflanzenbewuchs wie folgt ablesen: Überleben Weißtanne, Eiche, Kirsche oder Weidenröschen unbefressen, so ist alles einigermaßen im Lot. Fallen diese Arten aus, werden jedoch Esche, Ahorn, Buche, Hainbuche, Salweide und Vogelbeere sowie Himbeere und Süßgräser kaum angetastet, so haben Sie schon einen deutlich zu hohen Wildbestand in Ihrem Wald. Verschwinden alle vorgenannten Arten bis auf kümmerliche Reste, werden sogar alle Nadelbaumtriebe vertilgt und zeigen sich verstärkt Fingerhut, Binsen, Ginster, Spätblühende Traubenkirsche und Fuchskreuzkraut, dann können Sie Ihre Ziele nicht mehr umsetzen. Ihr Wald ist dann mit extrem hohen Wildbeständen belastet, es steht zu vermuten, dass die Jägerschaft in diesem Bereich massiv zufüttert. Kahlflächen, etwa durch Sturmwürfe, lassen sich in solchen Fällen ohne Zaunbau nicht mehr wiederbewalden.

Die massiv veränderte Vegetation wird offiziell schnell anderen in die Schuhe geschoben: So gilt die Spätblühende Traubenkirsche als sich aggressiv ausbreitender Neubürger. Dabei wird sie nicht so hoch wie heimische Bäume und kann sich nur halten, weil sie dem Wild nicht schmeckt und dadurch einen Konkurrenzvorteil erhält. Ähnlich verhält es sich mit allen anderen Giftpflanzen, die sich unter solchen Verhältnissen massiv ausbreiten.

Wichtige Zeigerpflanzen

Traubenkirsche

Waldweidenröschen

Fingerhut

Fuchskreuzkraut

Das Wild verschaffte hier dem Ginster einen Vorteil und beseitigte den Baumnachwuchs.

Ihre Stimme zählt

Haben Sie starke Nerven? Dann können Sie sich in der Jagdgenossenschaft engagieren. Da Sie Zwangsmitglied sind, haben Sie auch eine Stimme, die bei Beschlüssen zählt. Damit Besitzer größerer Wälder nicht von ein paar Kleineigentümern ausgebootet werden können, wird bei jeder Abstimmung sowohl die Anzahl der gehobenen Hände als auch die jeweils zugehörige Fläche ermittelt. Ein Antrag gilt erst dann als angenommen, wenn sowohl Stimmen – als auch Flächenmehrheit zusammengekommen ist. Die meisten Jagdgenossenschaften sind von Landwirten dominiert, denn die haben große Flächen und darauf auch häufig heftige Schäden, etwa von Wildschweinen. Kleine Privatwaldbesitzer melden sich in der Regel nicht zu Wort und sind schon gar nicht im Vorstand vertreten. Aber warum sollten Sie daran nicht etwas ändern? Wie in vielen Vereinen reißt sich auch in solchen Institutionen mittlerweile kaum noch jemand um einen Posten. Das ist Ihre Chance, zum Wohle des Waldes mitzugestalten.

Bei uns in Hümmel hat sich durch einen solchen Vorstandswechsel ein ganz neues Bild ergeben. Die Interessen des Waldes sind stärker in den Fokus gerückt, und die Genossenschaft hat sich tatsächlich getraut, trotz guter Angebote seitens der Jagdpächter einen großen Bezirk selber zu verwalten. Natürlich kann der Vorstand nicht selber jagen, dazu fehlt ihm die Zeit und der Jagdschein. Er kann aber örtliche Jäger am Abschuss beteiligen (gegen Gebühr). Das hat zwei wesentliche Vorteile: Zum Einen wird die Bevölkerung wieder stärker an den Wald und seine Gefährdung herangeführt, zum Anderen kann die Genossenschaft jederzeit den Abschuss erhöhen, wenn die Schäden wieder steigen. Der einzige (und gravierende) Nachteil ist die zusätzliche Arbeit, die solch eine Eigenverwaltung macht.

Ein kleiner Hochsitz, erbaut zum Schutz der jungen Laubbäume in einer selbst bejagten Waldfläche.

Aber vielleicht spielt Ihnen ja in Ihrer Gemeinde der Zufall in die Hände. Sobald in nennenswertem Umfang Mais angebaut wird, sind Jagden kaum noch verpachtbar. Kaum ein Jäger möchte Verträge unterschreiben, in denen er die Haftung für die immensen Schäden an den Feldern durch Wildschweine übernimmt. Entweder wird dann dieser entscheidende Punkt ausgeklammert und lässt das finanzielle Risiko bei den Jagdgenossen, oder die Genossenschaft muss mangels Interessenten selber jagen. Beides ist mit heftigen finanziellen Einbußen verbunden und es gibt bereits Fälle, wo die Grundeigentümer keine Pachterlöse mehr erhalten, sondern im Gegenteil Umlagen zahlen müssen.

Wo die Jagdpacht keine Rolle mehr spielt, kann viel leichter auf Eigenbewirtschaftung umgestellt werden. Das ist die Chance schlechthin für Ihren Wald. Denn wo sich kein zahlungskräftiger Jäger auf Ihre Kosten hohe Wildbestände aufbaut, kann nun nach rein ökologischen Kriterien gejagt werden. Und das bedeutet in jedem Fall deutlich höhere Abschüsse bei den drei explodierenden Arten Reh, Hirsch und Wildschwein.

Achten Sie also auf die lokale Entwicklung und stellen Sie beim Ende des laufenden Pachtvertrages doch einfach einen entsprechenden Antrag. Eine gute Vorbereitung wäre, sich unter Gleichgesinnten Waldbesitzern eine kleine Allianz zu schmieden, die dann auf der Genossenschaftssitzung geschlossen auftritt. Da zu einer solchen Versammlung meist nur eine Handvoll Leute kommen, können Sie schon mit wenigen Personen etwas bewegen.

Falls Sie auf Granit beißen, alle örtlichen Würdenträger am althergebrachten festhalten, gibt es noch eine andere Variante. Als Waldbesitzer steht Ihnen die freie Entscheidung zu, mit welchen Baumarten und in welchem System Sie wirtschaften möchten. Scheitert Ihre Vorstellung an zu hohen Wildbeständen, so können Sie über die Abschusspläne etwas erreichen. Diese werden nämlich von den Jagdbehörden in aller Regel viel zu niedrig angesetzt, weil diese einfach den Vorschlägen der Jäger folgen. Und warum sollten sich diese selber unter Druck setzen? Die genehmigten Pläne müssen nach Rücksendung an die

Jagdgenossenschaft zur Einsicht ausgelegt werden. Und hier können Sie ansetzen. Falls Ihr Wald zerfressen wird und sich die Abschüsse stets in gleicher Höhe bewegen, können Sie auf Erhöhung klagen. Gewiss, dies ist sehr aufwendig, hat aber bereits in der Praxis zu Erfolgen geführt. Ich weiß, es gleicht einem Kampf gegen Windmühlen. Man exponiert sich, stört den örtlichen Frieden, und das alles für eine kleine Waldparzelle. Wenn sich aber an den Zuständen nichts ändert, dann bleibt Ihnen nur noch eine Änderung Ihrer betrieblichen Strategie. Und das kostet sehr viel Geld und auch viel Zeit.

Nichts geht mehr

Wenn auf politischem Wege nichts zu erreichen ist oder die Zeit bis zu einer Änderung überbrückt werden muss (etwa bis zum Ende des Pachtverhältnisses mit dem aktuellen Jäger), dann können Sie nur im Wald reagieren.

Eine Möglichkeit bei der Saat oder Pflanzung ist die Auswahl der geeigneten Arten. Wie Sie auf Seite 144 gesehen haben, gibt es unterschiedlich attraktive Bäume. Anhand einer Analyse der Kräuter und Sträucher können Sie schnell feststellen, wie groß die Gefahr ist. Wachsen selbst die für das Wild wohlschmeckendsten Kräuter, dann haben Sie den Hauptgewinn gezogen: Freie Auswahl! Zwischen diesem seltenen Zustand und der großen Katastrophe, bei der gar nichts mehr geht, gibt es viele Abstufungen. Sind Sie sich nicht ganz sicher, welche Baumarten Sie bei den aktuellen Reh- und Hirschdichten noch pflanzen können, nehmen Sie doch einfach eine Auswahl über die ganze Bandbreite mit einem Schwerpunkt im mittleren Feld der Tabelle, also um die

Baumart Buche herum. Nun beobachten Sie in den nächsten Monaten einfach, wie sich das Potpourri entwickelt und setzen dann die Arten nach, die sich besser bewähren. Wenn noch nicht einmal Birke durchzubringen ist, sollten Sie allerdings nicht auf Nadelholz ausweichen, denn die damit verbundenen Probleme sind heutzutage einfach nicht mehr kalkulierbar. Spätestens an diesem Punkt helfen nur noch Schutzmaßnahmen.

Die einfachsten bestehen aus schlecht schmeckenden oder riechenden Abwehrmitteln, analog denen, die man früher kleinen Kindern gegen das Nägelkauen auf die Finger strich. Die meist weiße Paste kann im Fachhandel bestellt werden. Allerdings lohnt sich so ein Kanister nur, wenn Sie tausende von Pflanzen behandeln möchten. Für ein paar hundert oder weniger tut es auch Schafwolle, von der ein kleiner Bausch um die Gipfelknospe drapiert wird. Ähnlich gut hilft Kreppband, welches wie ein Fähnchen um die Knospe geklebt wird (aber bitte so, dass die Spitze noch herausschaut, sonst kann der Trieb sich im Frühjahr nicht entfalten).

Nicht als Behandlungsmittel zugelassen und dennoch hoch wirksam ist Sprühfarbe. Ein kleiner Spritzer hiervon auf das Pflänzchen wirkt Wunder und Sie sehen bestens, wo Sie schon gewesen sind. Das Wild übrigens auch, und deshalb macht es einen großen Bogen um Ihren Baumkindergarten. Bitte verwenden Sie forstliche Markierungsfarbe, die das empfindliche Gewebe nicht schädigt.

Diese Mittel werden so lange auf die Gipfelknospe jedes Bäumchens aufgetragen, wie es mit seiner Spitze noch in der Reichweite der hungrigen Mäuler ist. In der Regel sind dies bis zu zwei Meter Größe; höhere Exemplare haben es vorläufig geschafft.

Es gibt Extremfälle, wie ich sie in meinem Revier leider auch immer wieder beobachten muss. Dabei überlaufen Rehe einfach die größeren Bäumchen, biegen sie dadurch nach unten und knicken den Gipfeltrieb dabei ab. Nun können sie in aller Seelenruhe an den Knospen herum fressen. Zudem werden die frischen Triebe im Mai manchmal gleich vertilgt – das Schutz-

Warum nicht?
Engagieren Sie sich in der
Jagdgenossenschaft!

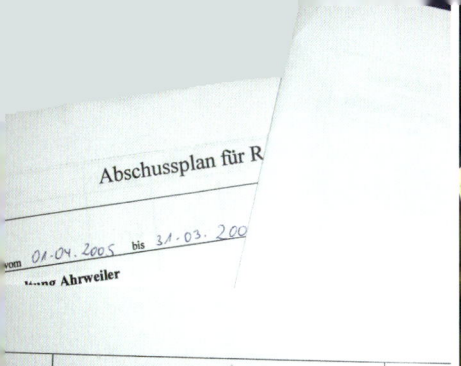

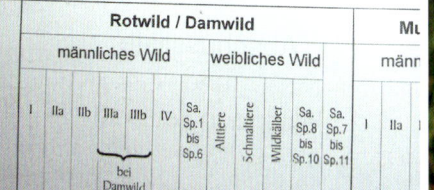

Der Versuch, über die Genossenschaftsversammlung Einfluss auf die Abschusspläne zu nehmen, ist besser als gar nichts zu tun.

Mit Kreppband können Sie bequem einzelne Bäumchen schützen. Für wenige Exemplare eine preiswerte Methode.

Bequemer, aber offiziell nicht zugelassen, ist Sprühfarbe aus dem Fachhandel für Forstbedarf. Als „Markierung" ist das jedoch erlaubt

mittel geht ja mit den abfallenden Knospenschuppen verloren. Zwar könnten Sie nun auch im Sommer Substanzen aufsprühen, aber die jungen Blättchen vertragen das nicht gut. Zudem ist nun eine Grenze erreicht, wo Sie entweder doch auf Fichte oder Kiefer umsteigen müssen oder aber einen Zaun bauen.

Ein Gatter (so der forstliche Begriff) sperrt alles größere Wild für Jahre von Ihrer Pflanzfläche aus. Das klingt nach einem Königsweg, wären da nur nicht die immensen Kosten. Mit fünf Euro nur für das Material müssen Sie pro Laufmeter rechnen. Dazu kommt Ihre Arbeitszeit, und zwar nicht nur für das Aufstellen. Denn nach jedem Sturm, in dem Bäume fallen können, müssen Sie den Zaun auf Schäden kontrollieren. Auch Wildschweine sind gefürchtete Zaunkiller, denn auf ihren Wanderungen akzeptieren sie keine Hindernisse. Steht so ein Drahtgeflecht im Weg, wird es einfach angehoben und hochgedrückt. Durch diese kleinen Öffnungen, oft nur wenig mehr als 20 Zentimeter hoch, rutschen Rehe auf dem Bauch hindurch, wie ich selber schon beobachtet habe. Innerhalb der Umfriedung herrscht ja das reinste Schlaraffenland für die Tiere mit leckeren Bäumchen und unbefressenen Blütenpflanzen. Sind sie einmal drin, werden Sie sie nicht mehr dauerhaft daraus entfernen können. Ich habe früher in meinem Revier viele Zäune betreuen müssen, und dabei hat mir meine treue Münsterländer-

hündin Maxi gute Dienste geleistet. Sie wusste, dass die Pflanzenfresser wieder hinaus mussten, und oft genug hat das funktioniert. Doch zügig waren die Rehe wieder zurückgeschlüpft, einmal sogar unmittelbar vor meinen Füssen, während der Hund ein paar Meter entfernt fassungslos zuschaute.

Es gibt eine Regel für solche Anlagen: Je kleiner, desto länger bleiben sie wildfrei. Als Obergrenze darf ein Hektar gelten, da eine derartige Fläche zumindest bei frisch gepflanzten Bäumen noch gut zu übersehen ist. Allerdings gilt auch: Je kleiner, desto teurer (auf den Hektar gerechnet). Wollen Sie beispielsweise 100 Quadratmeter sichern, so beträgt die Gesamtlänge 40 Meter (10 x 10 Meter). Pro Quadratmeter wären dies 0,4 Meter Zaun. Bei einem Hektar (10 000 Quadratmeter) beträgt die Zaunlänge mindestens 400 Meter (100 x 100 Meter). Das sind dann pro Quadratmeter nur noch 0,04 Meter Zaun, also ein Zehntel und damit auch nur zehn Prozent der Kosten.

Nach meiner Erfahrung kann ein Gatter maximal fünf Jahre wilddicht gehalten werden, danach tummeln sich die ungebetenen Gäste auf der Fläche. Wenn die Bäumchen es bis dahin geschafft haben, groß genug sind, dann hat sich der Zaun gelohnt.

Wenn Sie nach reiflicher Überlegung und Abwägung aller Gesichtspunkte einen Zaun bauen, dann sollten Sie bei der Baumauswahl diejenigen bevorzugen, die auf der Verbissliste (siehe Seite 144) ganz oben stehen. Denn diese Arten haben nun endlich eine Chance und können Ihren Wald enorm bereichern. Zudem sind sie in der Regel betriebswirtschaftlich besonders wertvoll. Und haben sie es nach besagten fünf Jahren geschafft, dann sollten Sie den Zaun konsequenterweise wieder abbauen. Das verzinkte Geflecht würde sich sonst jahrzehntelang im Wald halten.

Gibt es bei Ihnen Rot, Dam- oder Muffelwild, so sieht die Lage anders aus. Denn diese Arten wollen den Jungbäumen an die Rinde, sobald diese daumendick sind. Daher kann es in solchen Gebieten sinnvoll sein, den Zaun noch zwanzig (!) Jahre länger stehen zu lassen. Selbst wenn sich mittlerweile etliche Rehe darin tummeln, schaffen es die schwerfälligeren Hirsche und Schafe (Muffelwild) nicht so leicht, durch kleine Wildschweinlöcher hindurch zu schlüpfen.

Bei Rot-, Dam- oder Muffelwild: der Zaun bleibt stehen!

Irgendwann ist das Gatter dann aber doch altersschwach und muss entsorgt werden. Nun gibt es freie Fahrt für alle hungrigen Tiere, und leider ist die Gefahr nach zwei Jahrzehnten für die Bäume immer noch nicht gebannt. Solange die Rinde nicht rau und dick ist, schmeckt sie und wird abgeschält. Dieser natürliche Schutz tritt bei vielen Arten erst im Alter von 60 Jahren auf, und selbst dann kehrt keine Ruhe ein. Ist die Borke am Stamm nicht mehr fressbar, werden eben die Wurzelanläufe frei gescharrt. An ihnen ist die Rinde noch zart und dünn, sodass hier munter weiter geknabbert werden kann. Ein Kollege berichtete mir, dass bei ihm noch 130-jährige Buchen von Hirschen beschädigt wurden. Sie schlitzten im Übermut mit ihren Geweihen die Stämme der Bäume auf und entwerteten so deren Holz.

Sie sehen: Abwehrmaßnahmen können nur Krücken sein. Mit ihrer Hilfe können Sie ein paar Jahre überbrücken und dem Wald eine kleine Atempause verschaffen. Bessern sich aber langfristig die Verhältnisse nicht, so können Sie keine ökologische Forstwirtschaft betreiben. Denn das Miteinander von kleinen und großen Bäumen im Plenterwald wird durch den Wildfraß zerstört – die Kleinen verschwinden nach und nach

und Ihr schöner Ökowald verwandelt sich in eine eintönige, gleichförmige Baumlandschaft. Womit wir wieder bei der Politik wären: Ihre Kraft ist möglicherweise doch besser in den Diskussionen der Jagdgenossenschaft aufgehoben. Denn hier, mit wirklichen Änderungen, die ein Ende der massenhaften Wildzucht durch Jagdpächter herbeiführen, helfen Sie Ihrem Wald mehr als mit allen Zäunen der Welt.

Bedrohen nur Rehe Ihren Baumnachwuchs, dann reicht auch ein Zaun aus unbehandelten Douglasienlatten. Er kostet nicht mehr als ein Drahtzaun und braucht nicht abgebaut zu werden, da das Holz nach Gebrauch verrotten kann.

Auf den Spuren von Miss Marple

Der Wald ist die meiste Zeit sich selbst überlassen. Auch wenn Sie Ihren Bestand intensiv bewirtschaften, halten Sie sich bestenfalls einige Tage pro Jahr darin auf. Eine echte Aufsicht in dem Sinne, dass Sie ständig die Kontrolle behalten, ist zeitlich nicht möglich. Selbst wenn Unternehmer in Ihrem Auftrag Holz einschlagen, können Sie nicht den ganzen Tag danebenstehen bleiben, um ihnen auf die Finger zu sehen, obwohl dies manchmal wünschenswert wäre. Denn das Interesse eines Waldbesitzers ist die schonende Behandlung der Bäume, während Firmen möglichst schnell möglichst viel Geld verdienen möchten. Und Rücksichtnahme kostet nun einmal Zeit, die an der Produktivität verloren geht. Dennoch gibt es Möglichkeiten, die Geschehnisse in Ihrer Abwesenheit zu rekonstruieren und entsprechend zu reagieren.

Ein Stückzähler kann am Gürtel angebracht und mit einer Hand bedient werden. Pro Exemplar wird einmal gedrückt; die verschiedenen Farben erlauben das Zählen von vier verschiedenen Kategorien gleichzeitig.

Das erste Interesse bei einer Durchforstung gilt Ihren Bäumen. Wurden wirklich nur die gekennzeichneten Exemplare gefällt? Um dies zu überprüfen, gibt es mehrere Möglichkeiten. Die erste sollten Sie gleich beim Auszeichnen berücksichtigen. Zählen Sie mit einem Stückzähler die Bäume, die Sie markieren.

Nach der Durchforstung machen Sie das Gleiche mit den frischen Stümpfen. Jeder gezählte Stumpf bekommt einen Strich mit Wachskreide, um Dopplungen zu vermeiden. Ist die Zahl der Stümpfe höher als die der ursprünglich geplanten Entnahmebäume, liegt ein klarer Fall von Sachbeschädigung vor.

Der zweite Blick bei einem Holzeinschlag gilt der strikten Einhaltung der Rückegassen. Haben sich die Maschinenfahrer seit Ihrem letzten Besuch wirklich an die gekennzeichneten Linien gehalten? Das ist nicht so einfach zu erkennen, denn wenn das Rückefahrzeug zwischen den Bäume zu einem einzelnen Stamm fährt, rollt es nur zweimal über dasselbe Stück Boden: auf dem Hin- und Rückweg zur Gasse. Diese Fahrt erzeugt meist keine tiefen Spuren, ruiniert den Boden aber trotzdem unwiederbringlich. Und für den Fahrer lohnt sich dieser Verstoß, denn je kürzer die Entfernung des Stammes zur Maschine ist, desto schneller kann er arbeiten. Der Kranarm muss nicht so weit ausfahren, das Seil nicht so weit ausgezogen werden. Und rein optisch ist kaum etwas zu bemerken.

Kontrollieren Sie bei einem solchen Einsatz, so sollten Sie die Vegetation im Auge behalten. Wie Winnetou und sein Blutsbruder Old Shatterhand können Sie an der niedergedrückten Vegetation Spuren der feindlichen Kavallerie erkennen. Führen diese schnurgerade zu der platt gedrückten ehemaligen Liegestelle eines Stammes (auch am frischen Stumpf zu erkennen), so ist die Lage klar: Hier wurde entgegen Ihrer Anweisung gefahren.

Die Holzabfuhr ist eine riskante Angelegenheit, zumindest dann, wenn der Käufer noch nicht bezahlt hat. Nun haben die wenigsten so viel Zeit, jeden Tag nach dem Rechten zu schauen. Denn bis das Geld endlich auf Ihrem Konto eingegangen ist, können manchmal etliche Wochen vergehen. Auf die Schnelle genügt manchmal ein Blick auf den Asphalt. In den meisten Fällen gibt es nur einen Weg, das Holz Ihrer Parzelle aus dem Wald auf die nächste öffentliche Straße hinauszufahren, und genau an der Einmündung des Waldweges bröselt der meiste Dreck von den Reifen der Transportfahrzeuge. Frische Lehmspuren aus einem solchen Weg heraus, bei denen sich womöglich noch die typische Zwillingsbereifung abzeichnet, sind immer ein Hinweis auf LKW-Verkehr. Haben Sie nicht bezahltes Holz im Wald liegen, so sollten Sie nun schleunigst überprüfen, ob Ihr Holz unerlaubterweise aufgeladen wurde.

Mir ist so etwas gleich zu Beginn meiner Revierleitertätigkeit passiert. Ein windiger Käufer, der immer wieder versprach, die Rechnung sofort zu begleichen, stellte sich als dreister Holzdieb heraus. In dem Moment, in dem er mich in Urlaub wähnte, wollte er in großem Stil zuschlagen. Dummerweise hatte er sich um einige Tage verrechnet. Ich fuhr meine tägliche Runde durch das Revier, als ich an einer Wegegabelung die zuvor beschriebenen Spuren entdeckte. Gleich bog ich ab, und nach einem Kilometer stieß ich auf einen LKW, der gerade Fichtenstämme auflud. Bingo! Eine Tour war zwar schon weg, aber jetzt konnte ich Einhalt gebieten und gegen lautstarken Protest des Fahrers wieder abladen lassen. So ließ sich der Schaden auf 40 Festmeter begrenzen. Die Firma bezahlte übrigens nachträglich und wurde von mir anschließend ausgelistet.

Holzdiebe haben nur ein kurzes Zeitfenster, in dem es für sie gefährlich wird. Dieses beginnt mit dem Start der Verladung und endet an der nächsten Straße. Einmal Richtung Heimat unterwegs, lässt sich nicht mehr kontrollieren, ob sie bezahltes oder gestohlenes Holz an Bord haben – wie sollte man das unterscheiden können? Einen kleinen Trick gibt es dann aber doch noch: die Markierung mit Sprühfarbe. Achten Sie einmal darauf, welche Farben die Waldbe-

Plattgedrückte Vegetation in einer Doppelreihe: Hier fuhr ein Rückefahrzeug abseits der zulässigen Gasse. Die Lage des ehemaligen Stammes ist anhand abgesägter Holzstücke ebenfalls zu erkennen.

Die Fahrspuren verraten, dass hier ein Holzlaster abgebogen ist - aus Ihrem Wald und mit Ihrer Erlaubnis?

Links: Getrübte Pfütze mit weniger Stunden alter Durchfahrt. Rechts: Einen Tag später ist sie wieder klar.

sitzer Ihrer Umgebung zum Auszeichnen oder zur Beschriftung der Holzpolter verwenden. Klassiker und weit verbreitet sind rot, orange, grün oder blau. Aus diesem Grund verwende ich nur neongelb. Jeder Stamm oder Sägeabschnitt bekommt damit auf die Stirnflä-

che einen Punkt. Das mache ich eigentlich nur, um die Zahl zu ermitteln und sicher zu stellen, dass ich kein Stück doppelt zähle. Als praktischen Nebeneffekt kann ich darüber hinaus nun auch beladene LKW kontrollieren. Fährt so ein Transporter an mir vorbei, so schaue ich schnell nach der Farbe der Punkte. Liegt unbezahltes Holz im Wald, so würde nur bei neongelb Alarm gegeben; alle anderen Sorten lassen mich ruhig.

Bei regnerischem Wetter gibt es einen weiteren Hinweis, zu welchem Zeitpunkt ein Fahrzeug an Ihrem Wald vorbeigefahren ist. Das Wasser von Pfützen trübt sich bei der Durchfahrt schlagartig, so dass die Sicht keinen Zentimeter mehr beträgt. Die Schwebeteilchen setzen sich erst wieder über Nacht, und damit können Sie zumindest grob eingrenzen, wann der fremde Fahrer vorbeifuhr.

Falls Sie während der Durchforstung nicht kontrollieren konnten, verrät ein Blick auf die Baumstümpfe, mit welcher Methode gearbeitet wurde. Ist eine Bruchstufe mit Fallkerb vorhanden? Dann waren es Waldarbeiter, die dort gefällt haben. Glatte Schnittflächen dagegen verraten den Harvester, ebenso wie punktförmige Abdrücke auf der Rinde des aufgearbeiteten Holzes.

Bruchleiste mit Fallkerb: Das waren Waldarbeiter.

Punktabdrücke auf der Rinde: Das sind Spuren des Walzenvortriebs eines Harvestergreifers.

Vom Winde verweht

Forstwirtschaft ist ein riskantes Geschäft. Die Produktionsräume sind länger als ein Menschenleben. Damit wird eine Planung der eigenen Erzeugnisse sehr schwierig. Oft durchkreuzt die Natur unsere Pläne und schiebt die Entwicklung in eine ganz andere Richtung. Einen besonders kräftigen Schub im wahrsten Wortsinne erhält Ihr Wald durch Stürme. Ab rund 100 Stundenkilometern Windgeschwindigkeit fangen die ersten Bäume an umzufallen. Alle Bäume? Nein, es sind nur bestimmte Arten, und wir haben das Problem schon im Kapitel „Die Qual der Wahl" besprochen: Es sind die benadelten Spezies wie Fichte, Kiefer oder Douglasie, die den Winterstürmen eine besonders große Angriffsfläche bieten. Dazu kommt, dass solche Aufforstungen oft auf ehemals landwirtschaftlichen Böden gemacht wurden, die durch den Ackerbau verdichtet sind. Hier wurzeln die Bäume flach und werden so noch leichter ein Opfer von heftigen Böen. Wenn die ersten Exemplare zu Boden stürzen, sind es immer solche Kandidaten: Flache Wurzeln, viele Nadeln. Man kann es auch anders ausdrücken.

Die Natur beseitigt mit den üblichen Stürmen der kalten Jahreszeit Fehler der Forstwirtschaft und versucht uns unsanft darauf hinzuweisen, dass hier eigentlich Laubbäume wachsen sollten.

Wie funktioniert so ein „Sturmangriff" eigentlich? Auslöser ist immer ein heftiges Tiefdruckgebiet, welches vom Atlantik her zu uns heranrauscht. Wir haben den kleinen Vorteil, dass meist einen halben Tag vorher Nordfrankreich oder die Beneluxstaaten erwischt werden. Verfolgen Sie die Nachrichtenlage aufmerksam, so können Sie zumindest annähernd abschätzen, was Ihnen wenig später blühen wird.

Das Tief versucht, einen Ausgleich zwischen kalter Polar- und milder subtropischer Luft herbeizuführen. Dabei saugt es Luftmassen eines benachbarten Hochdruckgebietes an, und je stärker der Druckunterschied, desto stärker zischt es zwischen beiden (ähnlich einem Reifenventil, das Sie öffnen; das Hoch ist quasi der Reifen). Diesen Druckunterschied können Sie mit einem Barometer zu Hause messen, und wenn es besonders tief fällt, ist Gefahr im Anzug.

Zum Fichtenanbau gehört Windwurf. Wer's mag...

Berg und Tal verursachen bei Sturm Wirbel.

Stufenförmig aufgebaute Waldränder sind schön für's Auge – das war's dann aber auch schon.

Nun sind es nicht die durchschnittlichen Windgeschwindigkeiten, die gefährlich sind. Ein Sturm zieht nämlich leider nicht gleichmäßig über das Land, sondern verwirbelt sich ständig. Ursache sind Berge, Täler und der Wechsel zwischen Wald und Ackerland. Durch diese Unebenheiten entstehen Bereiche, die im Windschatten liegen, während die Böen an anderen Stellen, etwa Berghängen oder Waldrändern, zusammengepresst werden, um darüber hinwegzukommen. Die Luftmassen verquirlen sich dabei wie der Kaffee, der in einer Tasse umgerührt wird. Und diese kleinen Wirbel sind die eigentliche Ursache für das Entwurzeln von Bäumen. Innerhalb einer solchen Windhose wechselt die Richtung im Sekundentakt, steigert sich die durchschnittliche Geschwindigkeit ganz erheblich. Nun brechen Bäume, werden regelrecht abgedreht, ihre Stämme zersplittern wie Glas. Wie bei Tornados zeugen regelrechte Schneisen vom Durchzug solcher Wirbelwinde.

Hinter Bergkuppen lauert ein anders Risiko. Die an der windzugewandten Seite zusammengedrückte Luft wirbelt nach Passieren der Bergkuppe auf der anderen Seite wieder hinunter (hier wäre bei normalem Wetter der Windschatten) und überschlägt sich dabei wie eine brechende Welle. Dabei entstehen ebenfalls sehr hohe Geschwindigkeiten - und die Bäume werden geworfen. Durch den Überschlag der Luftwelle kommt der Wind hier aus der entgegengesetzten Richtung, die Bäume liegen also für den Laien unerklärlicherweise mit dem Wipfel „falsch" herum. Oft sind die Schäden auf dieser windabgewandten Seite besonders hoch, denn hier haben sich die Bäume in normalen Zeiten nicht an stärkere Winde gewöhnen können.

Die umgefallenen Fichten am unteren Bildrand sind zehnmal so viel wert wie eine Flugstunde, wären aber ohne Flugkontrolle möglicherweise zu spät entdeckt worden.

Was können Sie tun, um solche Schäden zu verhindern?

Fangen wir bei den Kleinsten an. Wenn Sie eine Waldfläche neu anlegen, dann wählen Sie Laubbaumarten. Stürme kommen meist im Winterhalbjahr, und dann bieten heimische Bäume aufgrund der fehlenden Blätter kaum Angriffsfläche. Säen Sie, anstatt zu pflanzen, um eine ungestörte Wurzelentwicklung und damit eine stabile Verankerung zu erreichen. Durchforsten Sie später schonend und entnehmen Sie regelmäßig kleinere Mengen, anstatt alle fünf bis zehn Jahre stark einzugreifen. So haben die Bäume Zeit, sich an den zusätzlichen Platz und die fehlende Stützwirkung durch die Nachbarn zu gewöhnen. Und, last but not least, plentern Sie! Der strukturierte Wald mit Groß und Klein ist für den Wind wie ein Reibeisen: Er zerfasert ihn, bricht die Wucht und mildert so die Folgen. Und wenn doch einmal ein paar große Bäume fallen, ist

dies nicht weiter schlimm, denn es warten unter ihnen ja bereits kleinere, die bloß auf ihre Chance warten.

Einige Jahre nach dem Sturm „Lothar" (Weihnachten 1999) besuchte ich einen privaten Plenterwald. Er war inmitten riesiger Windwurfflächen stehen geblieben. Es sah aus, als hätte der Orkan an den Grenzen des Besitzes Halt gemacht. Bei genauerem Hinsehen waren auch hier etliche Baumriesen gestürzt, aber nach kurzer Zeit schon hatte sich das Waldgefüge erholt, nachrückende jüngere Exemplare füllten die Lücken bereits wieder aus.

Im Altersklassenwald ist die Situation vollständig anders. Hier stehen uniforme Bäume dicht an dicht, und wenn der Sturm eine Lücke hineinreißt, dann fallen die Stämme wie Halme in einem Getreidefeld. Unter den Kronen ist der Boden braun, sodass nach einem Wurf und der Aufarbeitung der Bäume eine Kahlfläche zurückbleibt. Ob diese durch Sturm oder Kahlschlag hervorgerufen wird, ist unter ökologischen Gesichtspunkten egal – die negativen Folgen sind dieselben.

Anstatt nun aber das Betriebssystem zu ändern, basteln viele Forstverwaltungen an einer Art Aerodynamik für Bäume. Vor allem die Waldrandgestaltung liegt im Fokus. Hier sollen die Bäume lockerer stehen, um den Wind hindurchzulassen und abzubremsen. Zudem sollen die Bestände in Hauptwindrichtung stufenförmig gestaltet werden. Dazu kommen von West nach Ost zunächst eine Kultur, dann ein Jungbestand, dann ein etwas älterer Durchforstungsbestand und danach ein erntereifer Wald. Wie ein Autospoiler wirkt das Konstrukt – allerdings nur in der Theorie und für einige Jahrzehnte. Denn was passiert, wenn der Altbestand abgeholzt wird und der Jungbestand in die Jahre kommt? Richtig, der Spoiler wechselt über die Zeit seine Richtung,

> Ob Sturm oder Kahlschlag – die negativen Folgen sind dieselben.

und nun steht wie eine Wand der alte Jungbestand vor der Kulturfläche des ehemaligen Altholzes. Wenn denn tatsächlich jemals eine Wirkung nachweisbar gewesen sein sollte, hat sie sich nun ins Gegenteil verkehrt.

Ich persönlich halte eine solche Waldarchitektur für Blödsinn. Zum einen ist sie, wie beschrieben, auf Dauer gar nicht durchzuhalten, zum anderen funktioniert sie nur im anfälligen Altersklassenwald. Und dort treten ganz andere Phänomene auf: Laut Heinrich Reininger, einem österreichischen Waldbaupionier, erzeugt der auf den Waldblock aufprallende Sturm einen Unterdruck. Er wird durch die wie eine Mauer dicht stehenden Bäume gezwungen, nach oben auszuweichen. Dabei wird er zusammengepresst, die Luft darunter entsprechend hochgerissen. Die so erzeugten Miniwirbel bringen Exemplare mitten im Bestand zu Fall.

Das beste Rezept, so etwas zu vermeiden, zeigt uns der Urwald. Seine locker stehenden Riesen zerstreuen die Sturmfront, lassen Wind bis zum Boden durch und verhindern die gefährlichen Strömungseffekte. Natürlich fällt auch hier der eine oder andere Baum, aber das bringt den Rest des Waldes nicht aus der Ruhe.

Exakt diese günstigen Effekte ahmt der Plenterwald nach, und deshalb gilt er als die sturmstabilste Waldbauform. Eine speziell auf Stürme ausgerichtete Architektur der Bäume können Sie hier getrost vergessen, sie wird quasi nebenbei mitgeliefert.

Wenn der Sturm dann aber doch zugeschlagen hat, sollten Sie einen kühlen Kopf bewahren. Zunächst gilt es, den Schaden festzustellen. Doch wie in den Wald kommen, wenn alle Wege versperrt sind? Eine gute Möglichkeit ist es, zum nächsten Sportflugplatz zu fahren. Dort wird Ihnen für ein geringes Entgelt ein einstündiger Flug angeboten, bei dem Sie den Piloten über Ihre Parzelle dirigieren können. Fotografieren Sie fleißig, denn der Schaden lässt sich dann bequem am heimischen Computer ermitteln. Das Holz würde ich dann per Selbstwerberfirma (diese schlägt das Holz selbst ein und kauft es gleich) verkaufen, damit Sie von vornherein auf der sicheren Seite sind, denn gerade in einer solchen Situation gibt es häufig Verzögerungen mit dem Risiko eines Käferbefalls.

Lassen Sie jeden Baum stehen, der noch halbwegs intakt ist, denn für die aufzuforstende Fläche ist Schatten Mangelware. Fichten mit drei grünen Astquirlen können noch Jahrzehnte überleben und sind als Sonnenschirm für kleine Buchen unbezahlbar.

Mindestens genauso wichtig: Suchen Sie die alten Gassen heraus und verpflichten Sie die Arbeiter, mit den Maschinen nur dort zu fahren. Gerne werfen Forstverwaltungen in Sturmwürfen die Verantwortung über Bord und lassen Harvester und Rückezüge kreuz und quer fahren. In der Regel sind diese Bodenschäden für das Ökosystem schlimmer als der eigentliche Sturmwurf, da sie sich im Gegensatz zum Baumbewuchs nie mehr regenerieren.

Rest einer Fichtenwurzel. Der Baum fiel im Sturm Lothar Ende 1999.

Zum Fressen gerne

Bis aus einem kleinen Bäumchen ein ernterei-fer Stamm wird, muss es viele Gefahren beste-hen. Selbst wenn es unbeschadet alle Stürme übersteht, warten weitere Herausforderungen. Es sind vor allem andere Organismen, die ihm ans Leder wollen. Ein Baum ist so etwas wie ein prall gefülltes Warenhaus, voller Kohlenhydrate, Mine-ralstoffe und Vitamine. Für kleine Insekten oder Pilze muss so ein Riese wie ein eigenes Univer-sum wirken.

Doch so einfach lassen sich die großen Pflan-zen nicht anknabbern. Jede Art hat eigene Abwehrstrategien, um Angreifer abzuschrecken oder zu bekämpfen. Deshalb haben die klei-nen Fresser nur dann eine Chance, wenn Bäume schwächeln.

Ganz empfindlich

Unter der dicken Rinde, die den Stamm wie ein Panzer schützt, liegt das empfindliche Kambium. Es besteht aus einer hauchdünnen, glasklaren Schicht, die beim Wachsen nach außen Rinde und nach innen Holz abscheidet. So gesehen handelt es sich hier um den Motor des Baumes, das Energiezentrum, das über Wohl und Wehe entscheidet. Aus diesem Grunde sollten Sie darauf achten, bei Arbeiten im Wald keine Rin-denquetschungen zu provozieren. Diese können beim Holzrücken durch anschlagende Stämme oder bei Fällarbeiten, wenn herabfallende Bäume stehende Exemplare streifen, entstehen. Von sol-chen Verletzungen erholt sich ein Baum nur sehr langsam, und gleichzeitig wird im Bereich dieser Narbe der Faserverlauf gestört. Das macht sich später beim Holzpreis für den erntereifen Stamm negativ bemerkbar.

Hier haben Borkenkäfer das Kambium gefressen; die Fichte ist anschließend verdorrt.

Borkenkäfer: klein, aber gefürchtet

Alle Jahre wieder können Sie in den Zeitungen von sogenannten Borkenkäferepidemien lesen. Ganze Wälder werden dabei von den Insekten überfallen, zerfressen und tot zurückgelassen. Schuld sind heiße, trockene Sommer, milde Winter, der Klimawandel, nur eines nicht: die falsche Waldbaustrategie. Worin die wahren Ursachen liegen, wird bei einem Blick in natürliche Ökosysteme deutlich.

Das Wichtigste gleich vorneweg: Ein gesunder Waldbestand kann nur in den seltensten Fällen das Opfer von Insekten werden. Über Jahrmillionen hat sich ein gesundes Gleichgewicht eingestellt, haben Buchen, Eichen oder Fichten gelernt, mit den kleinen Quälgeistern umzugehen. Ob bittere oder giftige Abwehrstoffe in der Rinde, ob klebriges Harz, welches die Angreifer ertränkt, wehrlos sind Bäume keinesfalls. Nur wenn es ihnen schlecht geht, sie krank oder schwer verletzt sind, dann können die Käfer zum Zuge kommen. Das ist im Grunde genommen nichts Anderes, als wenn Sie sich völlig gestresst und urlaubsreif eine Grippe einfangen.

Tausende von Insektenarten haben sich auf Bäume spezialisiert, und damit keiner zu kurz kommt, hat sich jede Spezies auf eine Baumart und hier wieder auf einen bestimmten Lebens- (oder Todes-) abschnitt festgelegt. Borkenkäfer etwa, die das süße Kambium unter der Rinde lieben, können nicht einfach fremd gehen.

Der von Förstern gefürchtete Buchdrucker befällt Fichten und kann, ob er will oder nicht, keine Buchenrinde fressen. Umgekehrt geht es natürlich auch nicht.

Und es dürfen nur schwache, wehrlose Stämme sein, denn ansonsten würde der Borkenkäfer durch die Baumabwehr, Harz oder Gift, getötet. Haben

Sie einen gesunden Plenterwald mit Bäumen, die an Ihrem Standort heimisch sind, so kann nicht viel passieren. Natürlich kann selbst hier einmal ein Baum kränkeln, sich nicht mehr wehren und dann Käfer anziehen, aber eine Gefahr für den ganzen Wald kann so nicht daraus entstehen. Erst wenn alle Exemplare Probleme haben, etwa

Schon von Ferne signalisiert die rote Krone des absterbenden Baums einen Borkenkäferbefall

Borkenkäfer – Begleiter der Monokulturen

Buchdrucker
(Ips typographus)

Der Buchdrucker ist *der* Fichtenschädling. Er befällt geschwächte Exemplare und vermag diese rasch komplett zu besiedeln, sodass die Rinde abfällt und die Bäume absterben. Sein Name resultiert aus dem regelmäßigen, wie ein geschnörkelter Buchstabe wirkenden Brutbild. Es sind die Fraßgänge der Larven, die sich von dem Eiablagegang seitwärts durch die Rinde ziehen und dabei analog dem Larvenwachstum immer breiter werden. Am Ende befindet sich ein Ausbohrloch, aus dem der fertige Käfer schlüpft. Wenn es in einem trockenen Sommer zu einer Massenvermehrung kommt, vermögen die Käfer auch gesunde Bäume zu befallen und können so ganze Waldabteilungen vernichten. Dies kommt vor allem in naturfernen Plantagen vor und zeigt somit Parallelen zu landwirtschaftlichen Monokulturen.

Kupferstecher
(Pityogenes chalcographus)

Der Kupferstecher ist der kleine Bruder des Buchdruckers und befällt analog zur Größe dünnere, jüngere Bäume und Baumkronen. Meist sind es Fichten (seltener auch andere Nadelbäume), deren Triebe und Kronen nach Fraßbeginn vertrocknen und sich rotbraun verfärben. In Jungbeständen sterben ganze Bäume, bei Massenbefall ganze Baumgruppen ab. Auch der Kupferstecher legt seine Eier in Kammern unter die Rinde, von denen aus sich die Larven sternförmig nach außen fressen. Wegen seiner geringeren Größe sind diese Fraßgänge feiner (gleichsam wie in Kupfer gestochen). Fichten mit abgestorbener Teilkrone beginnen in den Folgejahren von oben herunter zu faulen, weshalb sie besser entnommen werden, bevor ihr Verkaufswert sinkt.

Buchdrucker mit Fraßbild - dieser Käfer sorgt für großflächig absterbende Fichtenplantagen.

Der Kupferstecher ist der kleine Bruder des Buchdruckers und befällt entsprechend dünnere Bäume.

Großer Waldgärtner
(Tomicus piniperda)

Der Große Waldgärtner ist auf Kiefern spezialisiert und befällt andere Nadelbaumarten eher selten. Auch er legt in einem Brutgang Eier, auch hier ziehen sich nach den Seiten die Larvengänge. Eines macht er jedoch anders: Die erschöpften Altkäfer und die frisch geschlüpften Jungkäfer fressen sich durch junge Triebe und höhlen diese aus. Der nächste heftige Windstoß bricht die Ästchen ab und lässt diese um den Stamm herum zu Boden rieseln. Abgebrochene hohle Triebe deuten immer auf Käferfraß hin, allerdings müssen diese nicht im selben Baum gebrütet haben, sodass die Stammrinde durchaus intakt sein kann.

Das Brutbild kann der Große Waldgärtner wie seine Kollegen außer bei Massenvermehrung nur in vorgeschwächten Bäumen anlegen, weshalb er als Sekundärschädling gilt.

Gestreifter Nutzholzborkenkäfer
(Trypodendron lineatum)

Der gestreifte Nutzholzbohrer, im Fachjargon oft nur „Lineatus" genannt, bewohnt eigentlich gar nicht die Borke, sondern das Holz. Dort hinein raspelt er seine Brutgänge, die sich leiterförmig durch das Splintholz ziehen, also durch die 5 äußeren cm. Dieses feuchte Holz impft er mit Pilzen, von denen sich die Larven und später die geschlüpften Käfer ernähren. Das Bohrmehl, welches sich auf den Stämmen findet, ist daher auch nicht braun, sondern fast weiß (da es ja keine Rinden-, sondern Holzspäne sind). Holz mit Löchern ist unbeliebt, weshalb sich Stämme mit Lineatusbefall nur mit 15% Preisabschlag verkaufen lassen. Da der Nutzholzbohrer wie alle Borkenkäfer nur in leicht angetrocknete Stämme eindringt, empfiehlt es sich, im Sommerhalbjahr eingeschlagenes Holz rasch zu verkaufen und abfahren zu lassen.

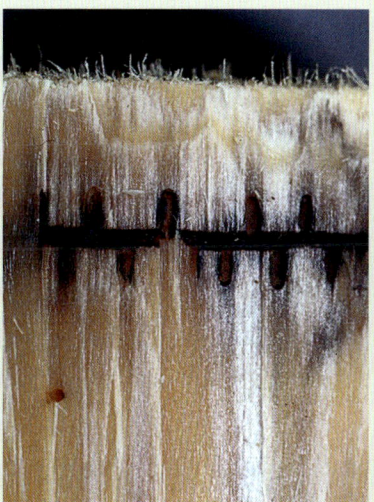

Der Waldgärtner „beschneidet" die Kronen und sorgt für jede Menge Triebspitzen am Boden.

Der Nutzholzbohrer frißt gar nicht an Bäumen, sondern züchtet Pilze.

Just in time

Sägewerke verzichten schon lange auf ein großes Lager. Sie fordern einfach von den Waldbesitzern, immer dann Holz zu liefern, wenn sie es brauchen. Deshalb wird nicht mehr wie früher nur im Winter, sondern rund ums Jahr eingekauft. In Ihrem Wald sollten Sie erst dann die Motorsäge ansetzen, wenn die Unterschrift unter dem Liefervertrag trocken ist. Nur dann haben Sie die Gewähr, dass auch wirklich die vereinbarten Mengen vom Käufer abgenommen werden, sobald Sie das OK geben, dass alles fix und fertig am Weg liegt. Klappt die Aufarbeitung und das Rücken zügig, so können Sie das Holz frisch und einwandfrei übergeben – Käfer und Pilze hatten dann noch keine Zeit, aktiv zu werden und den Preis zu verderben.

Fichte auf verdichtetem Boden, können die Insekten in wenigen Monaten den ganzen Bestand vernichten.

Nüchtern betrachtet machen die Tierchen eigentlich nur auf waldbauliche Fehler aufmerksam und versuchen, diese möglichst rasch zu beseitigen. Falls Sie eine Fichtenplantage besitzen, kann dieser Hinweis der Natur finanziell allerdings teuer werden.

Borkenkäfer können sich rasch vermehren und, je nach Witterung, innerhalb von 6 Wochen nach dem eigenen Schlupf schon wieder die nächste Brut großziehen. Auf diese Weise kann ein Pärchen Zehntausende von Nachkommen je Jahr produzieren. Normalerweise begrenzt die Verfügbarkeit kranker Bäume, die in einem Wald die Ausnahme sind, die Vermehrung. In einem gepflanzten Fichtenwald herrschen im Sommer dagegen beste Bedingungen für die Insekten. Retten können Sie solch eine Plantage nur durch eine regelmäßige Kontrolle (im Hochsommer mindestens alle vier Wochen) und durch die sofortige Beseitigung eines befallenen Bau-

mes. Er wird gefällt, die Rinde mittels Schäleisen abgenommen. Damit ist der Herd der Infektion beseitigt und der Rest des Waldes vorerst gerettet. Anschließend aber sollten Sie das Signal ernst nehmen und mit dem Umbau des Fichtenforstes beginnen (siehe Kapitel „Umwandlung von Fichtenwäldern").

Gleiches gilt übrigens für nicht naturgemäße Eichenbestände, und das sind alle reinen Eichenwälder Mitteleuropas. So etwas gibt es hier von Natur aus nicht, und falls Sie alte Unterlagen haben, schauen Sie mal nach: Dort ist gewiss eine Saat oder Pflanzung des Bestandes verzeichnet. Und weil die Eiche in Reinkultur ebenfalls Schädlinge anzieht, gibt es hier ähnliche Probleme wie bei der Fichte. Ersetzen Sie Eiche durch Kiefer, Fichte durch Lärche oder Douglasie, alles kommt auf das Gleiche heraus. Lediglich reine Buchenwälder, hier und da durchsetzt mit anderen Laubbäumen, sind in der Regel im natürlichen Gleichgewicht. Eine weitere, seltenere Ausnahme sind die Hochlagen der Gebirge, klimatisch der Taiga ähnlich. Sie weisen stabile, reine Nadelwälder auf.

Naturfernes Wirtschaften wird also mit dem Tode bestraft, zumindest dem der Bäume. Und wer trotzdem mit gebietsfremden Arten wirtschaften möchte, bekommt immer wieder Probleme, hat viel Arbeit mit der Beseitigung von Käfernestern und bekommt weniger Geld für sein Holz. Warum also nicht gleich zum laubholzreichen Plenterwald umschwenken?

Noch ein Wort zu den Tausenden anderer Käferarten. Sie stellen keinerlei Gefahr für den Wald dar, ganz im Gegenteil. Sie recyceln tote Bäume, bringen deren Nährstoffe in den Kreislauf des Lebens zurück und bilden ihrerseits die Nahrungsgrundlage für Vögel und kleinere Säugetiere. Insofern geht auch vom Totholz kein Risiko für lebende Bestände aus, denn die darauf spezialisierten Käfer können mit intakten Fichten oder Buchen nichts anfangen – die sind ihnen einfach zu frisch.

Reinbestände vermeiden – außer Buche!"

Bei den Gefahren für den Wald hört das Thema Borkenkäfer aber noch lange nicht auf. Ist das Holz eingeschlagen und liegt abfuhrbereit am Weg, dann geht die Party für die kleinen Tierchen erst richtig los. Denn die gestapelten Stämme stellen nichts anderes als todkranke Bäume dar, die in besonders konzentrierter Form sehr einladend wirken und vor allem duften. Jetzt fühlen sich auch die Nutzholzborkenkäfer angezogen. Ihr Spezialität sind absterbende oder frisch abgestorbene Bäume, die einen langsam abnehmenden Wassergehalt aufweisen. In solche Exemplare bohren der gestreifte Nutzholzbohrer und seine Kollegen rund fünf Zentimeter tiefe Löcher, legen dort Gänge an und impfen diese mit Pilzsporen. Die entstehenden Pilzrasen weiden dann die schlüpfenden Larven ab. Klingt interessant, ist aber für den Besitzer eine finanzielle Katastrophe. Denn der Preis für das Holz sinkt augenblicklich um 15 %, und vor allem bei dünneren Sägehölzern kann dies schnell den

Gewinn auffressen. Was liegt da näher, als mit der Giftspritze anzurücken? Verwendet werden sogenannte Kontaktinsektizide, die über Monate hinweg wirksam sind. Sie töten alle Insekten, die sich auf oder im Holz zu schaffen machen wollen. Doch leider driftet der Sprühnebel immer auch in die benachbarte Vegetation und beseitigt dort ebenfalls alle Krabbeltiere. Dabei sind diese Anwendungen, die nebenbei einiges kosten, völlig überflüssig. Parallel zu den Käfern machen sich nämlich Pilze daran, die langsam trocknenden Stämme zu besiedeln. Sie sorgen für blaue oder rote Streifen, die kein Sägewerker auf seinen Brettern sehen möchte. Der Preisabschlag hierfür: ebenfalls 15 %. Einzige Abhilfe schafft hier eine rasche Vermarktung, also der Holzeinschlag nur auf Bestellung.

Liegt das Holz nur wenige Wochen im Wald, so wird es im Sommerhalbjahr von Käfern befallen. Daher nie ohne Vertrag und am besten in Selbstwerbung einschlagen lassen!

Von Totholz im Wald geht
keinerlei Gefahr für lebende
Bäume oder frisch geschla-
gene Stämme aus, denn hier
sind ganz andere Insekten
und Pilze am Werk.

Natürliche Widersacher

Pilze sind merkwürdige Wesen: Sie sind weder Pflanze noch Tier. Zwar können sie sich nicht von der Stelle bewegen, vermögen aber auch ihre Nahrung nicht selber zu erzeugen. Zudem ist ihr Körper aus einer Chitin ähnlichen Substanz aufgebaut und damit fast insektengleich. Pilze können mehrere Jahrzehnte alt werden und riesige Dimensionen annehmen. Der größte Pilz der Erde lebt in Oregon und wird auf fast 10 Quadratkilometer Größe geschätzt. Nein, es ist kein Hut dieser Dimension, sondern das unterirdische Geflecht. Die Fruchtkörper, die wir so gerne sammeln, gleichen den Äpfeln eines Apfelbaumes.

Dieses Geflecht schickt wie eine Krake Auswüchse in seine Umgebung, immer auf der Suche nach etwas Fressbarem. Im Wald sind dies alle Bestandteile eines Baumes. Rinde, Holz oder Blätter, egal ob tot oder lebendig, alles wird verspeist. Dabei gibt es eine feine Arbeitsteilung, analog zu den Käfern. Die tausenden von Arten,

Auch dieser Konsolenpilz zersetzt totes Holz.

Bei schwachem Frost gefrieren die Ausdünstungen der Pilze zu Haareis.

die in Mitteleuropa zu finden sind, haben alle ihre eigene ökologische Nische gefunden. Totholzbewohnende und laubfressende Spezies sind interessant und sogar nützlich, weil sie wie eine Müllabfuhr arbeiten. Zusammen mit Bakterien zerkleinern sie sämtliche Abfälle der Bäume. Ohne sie würde der Wald irgendwann in seinem Müll ersticken.

Gefährlich werden nur diejenigen Arten, die lebende Bäume befallen können. Und im Gegensatz zu den Borkenkäfern greifen Pilze auch kerngesunde Exemplare an, vorausgesetzt, sie finden eine Eintrittspforte. Das kann zum Beispiel eine Rindenverletzung sein, die das Kambium durchdringt und bis auf das Holz geht. Nun ist die Größe entscheidend. Bei einem Durchmesser, der deutlich über dem eines Zwei-Euro-Stückes liegt, stehen die Aussichten für den Pilz gut. Denn nun startet ein Wettrennen, bei dem er gewinnen kann. Ausgangspunkt ist der offen liegende Holzkörper. Auf ihm landen in Minutenschnelle Pilzsporen, die ständig zu Millionen durch die Umgebungsluft schweben. Pilze mögen es feucht, aber nicht nass. In gut durchfeuchtetem Holz können

sie nicht Fuß fassen. Und da die äußeren Jahresringe die Wasserleitung des Baumes sind, herrschen hier denkbar schlechte Bedingungen. Fehlt jedoch die schützende Rinde, so trocknen diese äußeren Jahresringe ein wenig herunter – und jetzt kann der Pilz aktiv werden. Er möchte eigentlich gar nicht in den äußeren Schichten bleiben, sondern in das trockenere Kernholz vordringen.

Der Baum versucht das zu Verhindern, indem er die Wunde so schnell wie möglich verschließt. Denn sobald wieder Rinde über der verletzten Stelle liegt, wird das Holz so durchnässt, dass der Pilz abstirbt. Nun sind Bäume nicht gerade schnell, Pilze aber auch nicht. Der Kampf, der hier in Zeitlupe abläuft (über mehrere Jahre), entscheidet sich an besagter Münzgröße. Unterhalb dieser Grenze gewinnt der Baum, oberhalb der Pilz – zumindest laut Statistik und im Durch-

Holz hat viele Feinde!

Kampf zweier Totholzbewohner: Der helle Pilz und der dunkle Pilz kämpfen erbittert um die Vorherrschaft in einem Buchenstamm. Die Frontlinie ist durch Bakterien schwarz gefärbt.

Solche Pilze zerstören kein Holz, sondern helfen den Bäumen nach Kräften. Dafür werden sie über die Baumwurzeln mit Nahrung beliefert.

schnitt. Für Sie als Waldbesitzer ist es daher wichtig, Verletzungen an den verbleibenden Bäumen bei der Holzernte zu vermeiden. Gerade bei schlampig durchgeführten Durchforstungen von schwächeren Hölzern kann ein Schaden vom Mehrfachen des Holzerlöses durch Pilzbefall entstehen. Wird der pflegliche Umgang betriebswirtschaftlich sauber mit eingerechnet, geht kaum ein Weg an dem Zerschneiden der Stämme in Abschnitte und dem Rücken mit Pferden vorbei.

Pilze befallen aber nicht nur die Stämme, sondern auch Knospen, Blätter und Rinde. Eine feuchte Umgebungsluft begünstigt die Ausbreitung. Ist das Wetter die Ursache, können Sie nicht viel dagegen machen. Oft sind es aber waldbauliche Fehler. So ist der Altersklassenwald mit seinen flächenhaften Kulturen ein Pilzparadies. Gerade junge Nadelholzbestände, dicht an dicht gepflanzt, werden immer wieder befallen und werfen die Nadeln ab. „Schütte" nennt man dieses Phänomen, welches die Bäume nicht umbringt, aber schwächt und damit langsamer wachsen lässt. Selbst die Eiche ist nicht dagegen gefeit. Im Sommer taucht hier der Mehltau-Pilz als weißer Blattbelag auf.

Noch rabiater sind Pilzerkrankungen, die ganze Waldbestände dahinraffen. So etwas kann unabhängig von der Baumart passieren, selbst der Buche. Bei ihr nennt sich das Siechtum „Buchenkomplexkrankheit", bei der Esche ist es ganz aktuell das „Eschentriebsterben".

Die einzige Möglichkeit, den Wald zu stärken und ein Überhandnehmen der aggressiven Pilzarten zu verhindern, ist eine sanfte Bewirtschaftungsform. Aber Sie wissen sicher längst, welche Variante hier gut geeignet ist.

Bakterien zählen ebenfalls zu den Plagegeistern, wenn sie nicht im Boden walten, sondern sich unter der Rinde des Stamms zu schaffen machen. Dann zwingen sie den Baum, bizarre Knollen zu bilden. Meist ist das Holz dann wertlos, aber in manchen Fällen bilden sich Maserknollen, die Sie gegen gutes Geld an Spezialverarbeiter verkaufen können.

Kommen wir aber noch einmal zu den Pilzen zurück: Sie sind nicht nur Widersacher und

Schmarotzer. Etliche Arten haben sich mit den Bäumen verbunden und sind mit ihnen eine Symbiose (Mykorrhiza genannt) eingegangen. Ihr zartes, watteartiges Geflecht umhüllt die Wurzelspitzen und vergrößert damit deren Oberfläche um ein Vielfaches. So kann der Baum leichter Wasser und Nährstoffe aufnehmen. Pilze helfen auch dabei, Stickstoffverbindungen und Mineralien aus der Laubstreu zu recyceln und den Wurzeln zuzuleiten. Daneben sorgen sie dafür, Verbindungen von Baum zu Baum aufzubauen, über die sich beispielsweise zwei Buchen gegenseitig mit Zucker aushelfen können, wenn es der einen mal schlecht ergeht. Und nicht zuletzt schützt der feine Flaum vor Infektionen der empfindlichen Wurzelspitzen. Bäume könnten zwar auch ohne diese Helfer überleben, wären jedoch deutlich stressanfälliger.

Diese Dienste lassen sich die Pilze gut bezahlen: Als Wesen, das weder Tier noch Pflanze ist, können sie keine Fotosynthese betreiben und sind (wie wir) auf die Produkte anderer Arten angewiesen. Die Energie, die sie benötigen, lassen sie sich von ihren Baumpartnern liefern. Von den Blättern führt ein stetiger Strom an Nährlösung durch die Bastschichten bis zu den Wurzelspitzen hinab und versorgt die unterirdischen Partner mit allem, was sie brauchen. Bis zu 15% der gesamten produzierten Biomasse liefern Buchen und Co. an die Mykorrhizapilze. Ganz unverbrüchlich ist diese Freundschaft aber nicht immer, denn viele Bäume wechseln schon einmal die Art, wenn die alte nicht mehr passt, etwa weil sich die Bodenverhältnisse geändert haben.

Was können Sie tun, um diese Freundschaft zu unterstützen? Eine wichtige Maßnahme ist die Vermeidung von Bodenverdichtungen, weil die Pilze durch das Zusammendrücken der Poren weitgehend ersticken. Nach einem Sturmwurf sollten Sie einzelne übrig gebliebene Bäume in jedem Fall stehen lassen – sie sind nun die Rettungsinseln für die letzten Mohikaner unter den Bodenbewohnern. Ganz nebenbei können Sie selbst von einer intakten Symbiose profitieren. Viele unserer Speisepilze, so auch der Steinpilz, sind nichts anderes als die Früchte

Ring ist nicht gleich Ring

Die äußeren Jahresringe eines Baumes bezeichnet man als Splintholz. Hier wird das Wasser in die Krone hinauf transportiert. Da jedes Jahr ein weiterer Ring dazu kommt, ist es irgendwann genug. Parallel wird dann für jeden neuen ein innerer Ring still gelegt und versiegelt. Manche Arten pumpen vorher noch ein Schutzmittel hinein, damit Pilze und Insekten abgeschreckt werden. Das Holz verfärbt sich dann dunkel und nimmt eine dunkelbraune oder rötliche Färbung an. Holzarten, bei denen das Kernholz derart farblich abgesetzt ist, sind beispielsweise Eichen, Kiefern, Lärchen oder Douglasien. Ihr Kernholz lässt sich deshalb auch besonders gut im Außenbereich einsetzen, weil es so widerstandsfähig ist. Buchen, Fichten oder Birken haben diese Eigenschaft nicht; ihr Holz ist weniger gut geschützt und fault als Gebrauchsgegenstand im Freien innerhalb von ein bis zwei Jahren.

Wird ein gefrorener Stamm abgesägt, ist auch bei der Fichte das wasserführende äußere Splintholz gut zu sehen.

Mehltau an Eichenblättern in einem
nass-kalten Sommer.

Frostschaden (im Mai) an Eiche – nicht zu
verwechseln mit Pilzbefall.

dieser Mykorrhizageflechte. Günstig ist es, wenn Sie nicht alle Fruchtkörper ernten, sondern ein paar übrig lassen, damit sie sich über Sporen vermehren können.

Ein ganz anderer Widersacher kann das Wetter sein. So vermag nasser Schnee ganze Jungbestände zu Boden zu drücken und damit zu vernichten. Ähnlich verheerend sind Frostwetterlagen mit Sprühregen: Im Nu sind tonnenschwere Eispanzer auf sämtlichen Ästen, die

schließlich unter dem Gewicht abbrechen und den Baum gerupft zurücklassen. Auch Spätfrost kann vor allem Laubbäume empfindlich treffen. Die zarten Triebe mit den frisch entfalteten Blättern sind ganz besonders empfindlich; geht die Temperatur nachts mehr als 5 Grad unter den Gefrierpunkt, so erfriert das frische Grün. Zwar treiben dann im Juni noch einmal neue Blätter und Zweige, aber für das Holzwachstum ist das aktuelle Jahr so gut wie verloren.

Diese Knolle fault schon und bringt weder
dem Baum noch Ihnen einen Vorteil.

Der Klimawandel

Unsere Wälder stehen im Fokus von Politikern, Industrie und Forschern. Denn angesichts der immer noch steigenden Emissionen von Treibhausgasen und des schon begonnenen Klimawandels kommt den Bäumen eine wichtige Stellung zu. Sie können CO2 speichern, und die Verwendung der gefällten Stämme gilt als klimaneutral. Doch können unsere Forste die Veränderungen der Zukunft überhaupt aushalten? Oder müssen schon jetzt Maßnahmen ergriffen werden, um sie auf die Herausforderungen vorzubereiten?

Die Sache mit dem CO_2

Es gibt ein schönes Märchen, und das geht so: Es war einmal ein junger Baum, der aus einer Buchecker spross. Im Laufe seines Lebens wuchs er immer weiter empor, wurde dicker, und nahm dabei Tonne um Tonne Kohlendioxid aus der Luft. Die Buche wurde uralt. 400 Jahre nach ihrer Geburt konnte das Wurzelwerk die mächtige Krone nicht mehr ernähren. Die Rinde platzte ab, Insekten besiedelten das Holz, und eines Tages brach der Stamm um. Am Boden, im Dämmerlicht des Waldes, machten sich Pilze und Bakterien über das Festmahl her. Sie fraßen viele Jahrzehnte an dem Kadaver des Urwaldriesen, bis schließlich nichts als ein bisschen Humus übrig blieb. Wo war der Rest des Baumes hin entschwunden? Es war der Wind, der die Ausdünstungen der kleinen Fresser, CO_2 und Wasser, in die Atmosphäre entführt hatte. Damit war der Kreislauf geschlossen. Und er begann von Neuem, als eine kleine Buchecker keimte. Und wenn sie nicht gestorben ist, lebt die kleine

Der Wald - ein ewiger Kreislauf von Werden und Vergehen. Schade, dass dieses Märchen nicht stimmt.

Buche noch heute. Damit schlagen wir das Märchenbuch erst einmal wieder zu.

Diese Geschichte ist die Grundlage für das umweltfreundliche Image von Holz. Wenn Wald ein ewiger Kreislauf von Werden und Vergehen ist, warum kann dann nicht einfach der Mensch anstelle der Kleinstlebewesen die Bäume nutzen, bevor sie tot umfallen? Denn ob das Holz von den winzigen Wichten veratmet wird oder im Ofen verbrennt, müsste doch für die Atmosphäre auf das Gleiche hinauslaufen. Wichtig für die Nachhaltigkeit wäre ja nur, dass an gleicher Stelle ein neuer Baum wächst, der das entfleuchte CO_2 im Lauf der nächsten Jahrzehnte wieder aus der Luft herausfischt. Noch besser ist es, wenn das Holz in Form von Balken zu Brettern in Häusern oder Möbeln verbaut wird. Denn während draußen im Forst schon die nächste Generation heranwächst und Klimagase bindet, schlummert das Holz Jahrzehnte oder gar Jahrhunderte gut konserviert in unseren Gebäuden. So gesehen kann man

Kondensstreifen über Wald – Sinnbild für den Klimawandel.

also gar nicht genug Stahl, Beton oder Kunststoff durch den Ökorohstoff ersetzen.

Bei genauerer Betrachtung platzt diese schöne Seifenblase. Denn die Annahme, dass tote Bäume sich vollständig zersetzen und ihr Kohlenstoff wieder entweicht, ist falsch. Wissenschaftler aus ganz Europa haben sich im ersten Jahrzehnt des neuen Jahrtausends zum Forschungsprojekt „Carboeurope" zusammengefunden. Dabei untersuchten sie alle möglichen Typen von Landökosystemen auf die Speicherung von Klimagasen. Auch den Wald nahmen sie unter die Lupe. Das Ergebnis ist eine kleine Sensation: Es gibt keinen Kreislauf! Ein großer Teil der Biomasse, bis zu 50 %, bleiben dauerhaft im Ökosystem erhalten, sodass sie sich im Laufe der Jahrhunderte immer weiter anreichert. Selbst bei uralten Wäldern fanden die Forscher keine Hinweise darauf, dass diese Prozesse irgendwann aufhören. In bewirtschafteten Forsten sieht die Lage ganz anders aus. Durch die Lücken, die bei Baumfällungen entstehen, kommt viel Licht und Wärme auf den Boden. Bakterien und Pilze laufen nun zur Höchstform auf und vergreifen sich an den Kohlenstoffvorräten im Boden. Innerhalb weniger Jahre knacken sie den Klimatresor des Erdreichs, plündern ihn (durch auffressen) und setzen alles CO_2 in die Atmosphäre frei. Und wir als menschliche Nutzer machen das Gleiche mit dem Holz, indem wir es verbrennen, entweder direkt oder über den Umweg des Bau- und Möbelholzes, welches irgendwann als Altholz in einem Kraftwerk landet. Pro Quadratkilometer werden so bis zu 100000 Tonnen Klimagase in die Luft gepustet. Das ist ungefähr die Menge, die 55000 Pkws durchschnittlich pro Jahr verursachen. Der „Ökorohstoff Holz" stellt sich leider als Mogelpackung heraus.

Auch für mich war das neu, basierte für mich die ökologische Begründung der Forstwirtschaft doch bisher immer auf der angeblichen CO_2-Neutralität von Holz. Die wissenschaftlichen Ergebnisse sind im Grunde ganz banal, denn wie, bitteschön, sollten denn sonst die fossilen Rohstoffe entstanden sein? Gerade bei Kohle kennt man ihren Ursprung: Häufig waren es einstige Wälder, die man heute sogar Steinkohlewälder nennt. In unseren Breiten sind die Anreicherungsprozesse im Boden schon lange nicht mehr zu beobachten, weil hier die Bevölkerung schon seit vielen Generationen Wälder und Landschaft bis zum Anschlag genutzt hat. Dort, wo jeder Stamm, jeder Ast und alles Laub geradezu heraus gefegt wird, kann sich nun mal keine Vorstufe von Kohle bilden, nämlich dicke Humusschichten. Zwar unterlieb die radikale Ausbeutung der Wälder seit etwa einhundert Jahren, doch das ist für solche Vorgänge nur ein Wimpernschlag. Und der Altersklassenwald mit seinen regelmäßigen Kahlschlägen sorgt immer wieder für den Abbau der jämmerlich dünnen Schichten an Biomasse.

Und nun? Auf einmal fehlt die ökologische Begründung für die positiven Wirkungen einer Holznutzung. Ich habe die Ergebnisse schon mehrfach mit Studenten durchgerechnet, und das erschreckende Urteil lautet: Holz schneidet in der Klimabilanz nicht besser ab als Gas oder Öl. Etliche Forscher kommen mittlerweile zu ähnlichen Ergebnissen, die auch der Politik bekannt sein dürften. Dennoch halten die Regierungen an der offiziellen Meinung fest, jede Form der Holznutzung sei angewandter Klimaschutz, denn mittlerweile hat sich eine ganze Industrie auf diesen Energieträger eingeschossen.

Ein wieder aufgeforsteter Kahlschlag: Sinnbild der Nachhaltigkeit? Hier gasen insgesamt bis zu 100000 Tonnen CO_2 pro Quadratkilometer in die Atmosphäre aus.

Heißbegehrte Reste

Biomasse gilt also immer noch als annähernd klimaneutral, und deshalb wird ihre Verbrennung staatlich gefördert. Die hehren Ziele zur Reduzierung der Treibhausgase wären ohne die Nutzung pflanzlicher Rohstoffe zur Energiegewinnung und deren ungerechtfertigtem Saubermann-Image gar nicht erreichbar. In der Folge schossen überall kleine und große Biomassekraftwerke wie Pilze aus dem Boden. Holz ist seit wenigen Jahren wieder ein hochbegehrter Rohstoff. Selbst minderwertige Sortimente finden einen reißenden Absatz. Schon seit langem kann sich der deutschsprachige Raum in diesem Sektor nicht selbst versorgen. Durch die zusätzliche Nachfrage entsteht nun eine Versorgungslücke, die sich nicht mehr schließen lässt. Zum einen wird nun mehr Holz importiert und damit das Problem des Ausplünderns von Wäldern einfach ins Ausland verlegt. So produzieren beispielsweise neue Pelletwerke in Nordamerika, aber auch in Russland für den westeuropäischen Markt, und selbst Afrika gerät in das Visier deutscher Rohstoffeinkäufer für Biomassekraftwerke. Da wundert es nicht, dass man nach jeder Möglichkeit sucht, auch in heimischen Wäldern das letzte verfügbare Potenzial auszuschöpfen. Und hier kommt jetzt der Begriff „Waldrestholz" ins Spiel.

Nur Holz größer als 7 cm? Entgegen der offiziellen Verlautbarungen finden sich in den Bündeln von Gipfeln über Äste bis hin zu Nadeln sämtliche Reste.

Bisher war es gängige Praxis, nicht zu viel Material aus dem Wald abzutransportieren. Wenn Sie einen Stamm bei sieben Zentimetern Durchmesser kappen, entasten und dann abtransportieren, entziehen Sie dem Ökosystem etwa 50 % der in einem Baum enthaltenen Nährstoffe. Der Rest bleibt in Form der Krone, der Äste, der Nadeln und Blätter zurück. Das galt bisher als Kompromiss zwischen Nutzung einerseits und Schutz des Bodens vor Ausbeutung andererseits.

Ich habe das während meines Studiums in den 80er Jahren so gelernt, und in vielen Hochglanzbroschüren war das so nachzulesen: Der unaufgeräumte Wald ist ökologische Absicht, denn die Forstverwaltungen belassen diese Reste für die Regeneration der Natur.

Ein ungenutzter Buchenwald ist der beste Beitrag zum Klimaschutz. Aber einfach nichts machen? Wer will das schon, und Geld gibt's dafür meist auch nicht.

Waldrestholz

Alles Holz, was nicht zu regulären Sortimenten aufgearbeitet werden kann, bezeichnet man als Waldrestholz. Faule Erdstücke, oft weniger als ein Meter lang, Kronen mit dicken Ästen oder durch Sturmwurf zersplitterte Stammteile sind offiziell Bestandteile dieser neu entdeckten Handelsware. Die Großmaschinen, die diesen Kehraus betreiben, können nicht besonders grazil zugreifen, und so findet sich in den fertig verschnürten Bündeln viel Reisig mit anhängenden Nadeln oder Blättern.

Ein Reisigbündler – der Endpunkt des Ausverkaufs im Walde.

Plötzlich soll das nicht mehr gelten. Angesichts der Nachschubprobleme von Ökostrom-Kraftwerken denken forstliche Forschungsanstalten und Universitäten um. Wäre es nicht möglich, wenigstens einmal in 100 Jahren den ganzen Baum, mit Haut und Haaren, zu nutzen? Ginge dies nicht wenigstens auf Böden, die von Natur aus bestens mit Mineralien versorgt sind? Und könnte man dieses eine Mal nicht jetzt, hier und heute, umsetzen? Für mich klingen solche Überlegungen wie Scheinargumente, wie Feigenblätter für eine gnadenlose Rohstoffjagd. Und noch bevor die Forschung seriöse Ergebnisse präsentieren kann (dies dauert möglicherweise noch Jahrzehnte), schafft die Forstindustrie schon Fakten. Sogenannte Reisigbündler fahren immer häufiger über Kahlschläge und in Durchforstungsbestände, um das Waldrestholz einzusammeln.

Es wird zu drei Meter langen Bündeln gepresst, verschnürt und zum Trocknen entlang der Wege aufgestapelt. Nach Monaten transportieren LKW die Beute in die Kraftwerke, wo das Material zerhäckselt und verfeuert wird.

Die öffentlichen Wälder reichen für diese Plünderung nicht mehr aus. Deshalb tritt man auch an private Waldbesitzer heran. Das regelrechte Ausfegen wird mit fadenscheinigen Argumenten schmackhaft gemacht: Verschwindet alles Holz bis zum kleinsten Ast aus den Flächen, so wird den Borkenkäfern jegliche Brutmöglichkeit entzogen. Zudem lassen sich auf den blitzblanken Böden besser neue Bäumchen pflanzen. Und ein paar (lächerlich wenige) Euros gibt es ja noch obendrauf – ein gutes Geschäft!

Restholz – der Wald blutet aus!

Dieses Waldrestholz habe ich im Nationalpark (!) Harz fotografiert.

In Wahrheit blutet der Waldboden durch solche Nutzungen regelrecht aus, denn es wird ja
anschließend nicht gedüngt (das ist sogar verboten). Zudem fehlt organische Masse, aus der sich
Humus nachbilden könnte. Dieser Raubbau rächt
sich in den folgenden Jahren durch ein reduzier-
tes Baumwachstum. Und das alles für wenige
Euro pro Tonne? Ich kann Ihnen nur von Herzen
abraten!

Die Sache mit den fehlenden Nährstoffen
geht scheinbar der Kraftwerksbranche ebenfalls
nicht aus dem Kopf. Die schönen Mineralien bleiben nach der Verbrennung als Asche übrig. Wäre
es da nicht günstig, die Entsorgung mit etwas
Nützlichem zu verbinden? Könnte man die Asche
nicht einfach per Hubschrauber wieder in die
Wälder zurückfliegen und damit den Kreislauf
schließen? Vordergründig mag dies logisch klingen, aber für Ihre Bäume wird damit der Teufel
mit dem Beelzebub ausgetrieben. In der Asche
können sich giftige Kohlenwasserstoffe befin-

den, deren Wirkung auf Baumwurzeln ungewiss
ist. Zudem wird mit der Düngung der ganze Wald
auf ein einheitliches Nährstoffniveau gebracht.
Von Natur aus gibt es aber auf kleinster Fläche unterschiedliche Bedingungen. Hier ist der
Boden etwas fetter und bringt Kirschen, Eschen
oder Ahorne hervor, während es 50 Meter weiter
nur für Buchen oder gar für Eichen reicht. Ebenso
vielfältig sind die Ökosysteme des Bodens, die
sich auf dieses Mosaik unterschiedlichster Nähr-
stoffverhältnisse angepasst haben. Mit einer
Düngung verschwinden diese Unterschiede und
zurück bleibt ein eintöniger Boden.

Bleiben Sie also besser bei der traditionellen
Nutzung von Hölzern, die dicker als sieben Zenti-
meter sind, und lassen Sie die wenigen Reste zur
Erholung des Waldes liegen.

Das Waldsterben – wo ist es bloß hin?

Gleich vorneweg: Das große Waldsterben der 80iger Jahre gibt es nicht mehr. Die Luftreinhaltepolitik, die Entschwefelungsmaßnahmen und Katalysatoren haben ihre Wirkung nicht verfehlt. Zwar belasten etwa Ammoniakausdünstungen der Landwirtschaft unsere Forste, aber grundsätzlich ist die Luft schon einigermaßen sauber. Trotzdem gibt es nach wie vor in schöner Regelmäßigkeit Meldungen zum Gesundheitszustand der Wälder, bei denen der Eindruck entsteht, nichts sei besser geworden. Und tatsächlich leidet der Wald weiter. Die Forstbeamten finden schüttere Kronen, gelbes Laub und Nadeln sowie im Ganzen absterbende Bäume. Echte Ursachenforschung wird dabei leider nicht betrieben, der malade Zustand einfach weiter auf die Luftver-

schmutzung geschoben. In meinem Revier habe ich dagegen eine Beobachtung gemacht, die dem widerspricht. Schlecht sehen nur die Waldbestände aus, bei denen in der Vergangenheit entweder zu viele Bäume gefällt oder keine heimischen Baumarten gewählt wurden.

Exemplarisch steht für mich die empfindliche Buche. In der Regel sind die alten Bestände (ab Alter 160) in Europa schon stark aufgelichtet. Die Kronen der alten Recken sterben von oben herunter langsam ab – ein klares Indiz für Rauch-

Buche in stark bewirtschaftetem Bestand mit absterbenden Kronenästen, ein Alarmzeichen erster Güte. Die Ursache suchen Förster nur in der Luftverschmutzung, demnächst vielleicht im Klimawandel.

schäden. Oder nicht? In Hümmel gibt es etliche Waldabteilungen, in denen diese Baumart schon knapp 200 Jahre zählt. Dennoch sehen die Bäume gesund und fit aus. Der Unterschied zu kranken Forsten: Hier wurde schon lange kein Baum mehr gefällt und es entwickelt sich alles allmählich zurück zum Urwald. Mein Verdacht ist, dass viele Waldschäden in Wahrheit auf die Forstwirtschaft zurückzuführen sind. Von schwerstem Gerät zerfahrene Böden, die kaum noch Wasser speichern, fremde Baumarten, die hier um ihr Überleben kämpfen, starke Durchforstungen, die ganze Lebensgemeinschaften aus dem Takt bringen – wundert es da wirklich, wenn Fichten, Buchen oder Eichen nicht mehr fit sind? Achten Sie bei Waldspaziergängen einmal selbst auf diese Zusammenhänge. Sie werden überrascht sein, wie eindeutig diese Korrelation ist.

Offiziell möchte man scheinbar davon nichts wissen. Und als ob unsere Fabriken weiterhin tödliche Säurefrachten in die Atmosphäre pusteten, wird eine ganz andere Strategie empfohlen. Kalk heißt das Wundermittel, das alles wieder ins Lot bringen soll. Einige Tonnen pro Hektar, mit dem Hubschrauber ausgebracht, neutralisieren die Säure für mindestens ein Jahrzehnt. Abgesehen davon, dass dies vielfach nicht nötig ist, werden wie bei einer Düngung natürliche Unterschiede der Waldstandorte zerstört. So gibt es beispielsweise natursaure Böden, deren Kleinstlebewesen sich nun ins Nirwana verabschieden.

Kalk hat weitere negative Folgen. So baut sich der Humus innerhalb weniger Jahre größtenteils ab und die in ihm gespeicherten Nährstoffe werden in tiefere Bodenschichten ausgewaschen. Daneben verlieren die Böden ein wichtiges Mittel zur Wasserspeicherung – wird zusätzlich zu der Befahrung mit Maschinen gekalkt, so ist Ihre Parzelle für viele Generationen schwerst geschädigt.

Tritt Ihr örtliches Forstamt also an Sie heran mit dem Vorschlag, doch an einer solchen Aktion teil zu nehmen, dann lehnen Sie standhaft ab. Natürlich ist es umständlich für den Hubschrau-

200jährige Buchen im Hümmeler Reservat „Wilde Buche": Hier sind die Kronen bis in die dünnsten Zweige fit und gesund.

Die Vogelbeere ist ein Tausendsassa: Gut
für die Vögel, gut für den Boden und gut für
Ihren Geldbeutel, denn ihr Holz kann bis zu
5000 € je Festmeter erzielen.

Kalk, hier in Form des braunen Dolomits:
Wer die Wälder damit behandelt und
gleichzeitig Nadelbäume pflanzt, beweist,
dass er von Wald nichts versteht.

berpiloten, Ihre Fläche auszusparen. Aus diesem
Grund versuchen die Förster auch, möglichst alle
Besitzer eines großen Waldkomplexes von dem
Segen der Kalkung zu überzeugen. Aber vielleicht
drehen Sie den Spieß ja um und überzeugen Ihre
Nachbarn, ebenfalls dankend zu verzichten.

Falls Ihr Waldboden tatsächlich versauert sein
sollte, gibt es natürliche Möglichkeiten, dies zu
beheben. Vielleicht ahnen Sie es schon: es ist die
Bewirtschaftungsform (idealerweise der Plenterwald), die durch natürliche Prozesse eine langsame Bodenerholung bewirken kann.

Da wären zunächst die Baumarten. Die Nadelhölzer, Sie ahnen es vielleicht bereits, schneiden
doppelt schlecht in punkto Säure ab. Ihre schma-
len Blätter bilden nach dem Herabfallen einen
derart sauren Humus, dass den meisten Kleinstlebewesen förmlich schlecht davon wird. Zudem
filtern die immergrünen Gewächse auch im Winter, wenn Buchen und Eichen blank im Winde
schwanken, massenhaft Verschmutzungsparti-
kel aus der Luft und leiten diese mit dem nächsten Regenschauer zu ihren Wurzeln. Fichten und
Kiefern können so im Verlaufe ihres Lebens eine
massive Bodenverschlechterung herbeiführen.
Ich habe in meinem Waldbereich mehrere Parzellen, auf denen die Bäume auffallend schlecht
wachsen. Meine Recherchen ergaben, dass hier
schon in dritter Generation Fichte steht. So gesehen ist die Bewirtschaftung mit Nadelhölzern
ein Raubbau und klarer Verstoß gegen Nachhal-
tigkeitsregeln. Als Ausnahme sei auch hier die
Weißtanne genannt, die mit ihrer milden Nadel-
streu eher bodenverbessernd wirkt. Leider kann
sie sich vielerorts aufgrund ihrer Beliebtheit beim
Wild nicht durchsetzen.

Der Saure Regen bewirkt eine Ausschwem-
mung von Kalk und anderen Mineralien in tiefere
Bodenschichten. Was liegt da näher, als diese
Nährstoffe wieder hoch zu holen? Keine Sorge,
ich plädiere hier nun nicht für schweres Gerät. Es
ist eine Baumart, die dieses kleine Wunder voll-
bringt: die Vogelbeere. Sie erschließt mit ihren
Wurzeln die verloren geglaubten Schichten und
baut den Kalk in ihre Blätter ein. Mit dem nächsten Herbst rieseln diese zu Boden und werden
Bestandteil der Humusschicht, die nun im pH-
Wert wieder ansteigt.

Aber auch die anderen Laubbaumarten wirken segensbringend. Im Plenterwald halten sie
die Nährstoffe im ewigen Kreislauf fest und stellen sie nach ihrem Tod in Form von Humus der
nächsten Generation zur Verfügung.

Fitnesskur für den Klimawandel

Bäume können sehr alt werden. Dadurch können sie lange wachsen und Höhen erreichen, die für Kräuter oder Sträucher utopisch wären. Und haben sie einmal ein Ökosystem besiedelt, bleibt dieser Platz über Jahrhunderte besetzt, es können sich Buchen und Eichen munter vermehren, während die Steppenarten draußen bleiben müssen.

Ein hohes Alter hat also viele Vorteile. Kritisch wird es durch die Langsamkeit der Generationenfolge. Denn wenn ein Baum 400 Jahre lebt, kann erst nach dieser Zeitspanne der eigene Nachwuchs das Ruder übernehmen. Alle 400 Jahre ein Wechsel, das bedeutet Evolution in Zeitlupe. Nur wenn die Gene neu gemischt werden, können Veränderungen entstehen und damit Anpassung an geänderte Umweltbedingungen. Viele Pflanzen-, Insekten-, Vogel- und kleine Säugetierarten bekommen mehrmals im Jahr Nachwuchs, der sich teilweise noch in derselben Saison schon wieder vermehrt. Da gleichen Bäume schwerfälligen Dinosauriern, und es wundert, dass sie nicht schon längst ausgestorben sind.

Doch ihre langsame Anpassungsfähigkeit gleichen sie durch zwei wirkungsvolle Maßnahmen aus. Da ist zunächst eine enorme genetische Bandbreite. Zwei Buchen sind in Bezug auf ihre Erbinformationen so verschieden, dass man bei Säugetieren mit ähnlich großen Unterschieden von zwei Arten sprechen würde. So ist gewährleistet, dass die Bäume große Abweichungen in ihren Fähigkeiten und Eigenschaften haben. Tritt nun eine radikale Veränderung ein, so wird mit hoher Wahrscheinlichkeit ein Teil der Waldbäume damit zurechtkommen. Aber das reicht noch nicht aus.

Weil schon in einem einzigen Baumleben das Klima stark schwankt (das ist im Verlauf von mehreren Jahrhunderten ein völlig normaler Vorgang), muss dieser das ganz einfach aushalten können. Ein Blick auf die natürliche Verbreitung der Arten zeigt diese Fähigkeit deutlich. Buchen etwa kommen von Südschweden bis Sizilien vor, die Stieleiche von Norwegen über Spanien bis Russland.

Die Hainbuche, oft mit der Eiche vergesellschaftet, erträgt gut höhere Temperaturen und Trockenheit.

Vorherige Seite: Moos am Stammfuß ist ein Zeichen für Feuchtigkeit, und deshalb ist so etwas in Fichtenbeständen eher selten zu finden.

Die prognostizierten zwei Grad Erwärmung für Mitteleuropa liegen demnach durchaus im Rahmen dessen, was die heimischen Baumarten aushalten können, selbst vier Grad dürften in vielen Regionen noch nicht für das Ende unserer Laubwälder sorgen. Entscheidend ist, wie viel Regen es zukünftig geben wird. Denn höhere Temperaturen bedeuten eine gesteigerte Verdunstung; für ein gleichbleibendes Baumwachstum müsste es künftig also mehr Niederschläge geben. Und da dies nicht zu erwarten ist, können Sie mit einem Rückgang der Holzerträge rechnen.

Wie können Sie Ihren Wald fit machen für die kommenden Veränderungen? Das Rezept wäre so einfach (ich getraue mich kaum, es noch einmal zu sagen), aber wenn Sie den amtlichen Empfehlungen vertrauen, können Sie es auch kompliziert haben. Dass Fichten Probleme bekommen werden, kann und möchte niemand mehr wegdiskutieren. Schon heute ist dieser Nadelbaum vielerorts nicht geeignet, leidet Mangel an Wasser und lässt sich in unseren warmen, mitteleuropäischen Sommern von Borkenkäfern fressen. Erhöht sich die Durchschnittstemperatur nur um ein bis zwei Grad, so ist die Fichte auf den meisten Standorten nicht mehr zu halten. Bereits heute berichtet die Fachpresse regelmäßig von großen Flächenverlusten, die in den Sommermonaten zu verzeichnen sind. Und nun geraten die Behörden in Erklärungsnot, haben sie doch jahrzehntelang den Nadelholzanbau dringendst empfohlen. Ich habe noch alte Unterlagen aus den 1970er Jahren für mein Revier. Darin rät die staatliche Forsteinrichtung, unsere Altbuchenbestände abzuholzen und durch Douglasien zu ersetzen. Der Gemeinderat jedoch weigerte sich standhaft, diesen Weg mitzugehen. Er bestand auf der Erhaltung der heute rund 200-jährigen Bäume, die sich immer noch bester Gesundheit erfreuen. Über die Gründe ist leider nichts verzeichnet, aber vielleicht wussten die alten

Recken instinktiv, dass die Empfehlung ihren schönen Wald negativ verändern könnte. Solche Ratschläge gibt es noch heute, gilt die Douglasie doch als wärmetolerant. Merkwürdigerweise verabschieden sich gerade in ihrer Heimatregion jenseits des Atlantiks ganze Gebirgszüge solcher Wälder ins Nirwana, weil auch dort die Temperaturen steigen. Dennoch wird sie im deutschsprachigen Raum tapfer weiter empfohlen.

Ob Große Küstentanne, Waldkiefer, oder Douglasie – selbst wenn diese Baumarten mehr Hitze vertragen würden, so sind sie doch Fremdkörper im heimischen Ökosystem und damit per se anfälliger. Ihre Begleitorganismen, die etwa für den optimalen Streuabbau und damit für optimale Nährstoffkreisläufe sorgen, sind größtenteils in der fernen Heimat geblieben. Unsere heimischen Hornmilben, Springschwänze, Borstenwürmer und Konsorten sind nun mal auf Blätter gepolt. In Ordnung, scheinen sich mehr und mehr Forstverwaltungen zu denken, dann suchen wir eben nach hitzetoleranten Laubbäumen. Wie wäre es mit Esskastanie, Robinie oder der Orientbuche? Dann hätten wir eine Waldkulisse, die wenigstens ein bisschen nach alter Ursprünglichkeit aussieht.

Bei der ganzen Betriebsamkeit verlieren die Fachleute aber einen wichtigen Punkt aus den Augen: Höhere Durchschnittstemperaturen bedeuten ja nicht, dass es im Winter nicht mehr kalt wird. Mehr heiße Sommer, weniger klirrende Frostperioden, das ist das Szenario. Gab es bisher alle zwei, drei Jahre Perioden mit Tiefsttemperaturen von minus 15 °C bis minus 20 °C so tauchen solche Ausreißer in Zukunft vielleicht nur noch alle 10 bis 20 Jahre auf. Haben Sie dann gemäß der Vorschläge auf südländische Baumarten gesetzt, so werden diese hoffnungslos erfrieren. Es hat schon seinen Grund, warum sich solche Wälder in Mitteleuropa von Natur aus bisher nicht durchsetzen konnten.

Fast schon verzweifelt wird nach Alternativen gesucht, und dieser Aktionismus suggeriert, dass die heimischen Arten hoffnungslose Fälle seien. Weit gefehlt, denn unsere Laubbäume halten viel mehr aus, als vermutet. Selbst Anbauversuche von Buchen deutscher Herkunft in Spanien verlie-

Inland oder Westküste?

Douglasien – eine Alternative, die nicht viel besser als die Fichte ist.

Douglasien haben ein riesiges Verbreitungsgebiet – von Nord nach Süd über 4 000 Kilometer entlang der Westküste des nordamerikanischen Kontinents und von der Küste bis zu 1500 Kilometer ins Inland. Eigentlich kann man gar nicht mehr von einer Baumart sprechen, weil sich ganz unterschiedliche Formen entwickelt haben. Zumindest unterscheidet man nach Varietäten: der grünen Douglasie der Küste (*Pseudotsuga menziesii var. viridis*) und der blauen Douglasie des Inlands (*Pseudotsuga menziesii var. glauca*). Hier in Mitteleuropa haben die blauen Inländer heftige Probleme. Bereits

während meiner Studienzeit war ich dabei, als ganze, erst 40-jährige Bestände abgeholzt werden mussten, weil sie abstarben. Erste Kennzeichen des Kränkelns sind harzende Stämme und immer schütterer werdende Kronen. Die grünen Küstendouglasien dagegen strotzen nur so vor Gesundheit und wachsen ohne Probleme. Also wäre es das Einfachste, nur Küstenherkünfte zu pflanzen, ganz besonders die aus dem Bundesstaat Washington. Doch zu Beginn des Douglasienanbaus vor über 100 Jahren importierte man offensichtlich wahllos Saatgut aus den verschiedensten Regionen. In der Folge vermischte sich

das Erbgut der hiesigen Bäume, sodass der von ihm abstammende Nachwuchs eine bunte Mischung ist. Daher findet man in den meisten Beständen gesunde, eher grüne Varianten, und dazwischen mehr oder weniger viele kränkelnde, eher blaue Exemplare. Diese blauen sind auch besonders anfällig für trockene Sommer, also keine Empfehlung für das künftige Klima. Und weil keiner so genau weiß, wie viel genetisches blau in vermeintlich grünen Douglasien enthalten ist, kann es nur einen Rat geben: Verzichten Sie auf dieses Roulettespiel und pflanzen Sie andere Baumarten.

fen überraschend erfolgreich. Und bis hier südeuropäische Verhältnisse herrschen, kann das Thermometer noch einige Grade klettern.

Die einfachste Methode, Ihren Wald fit für die Zukunft zu machen liegt darin, ihn nicht zu sehr zu drangsalieren. Fahren Sie Ihren Zöglingen nicht über die Füße, lassen Sie ihnen Luft zum Atmen. Gemeint ist damit die Befahrung der Böden, denn sie sind der Schlüssel bei der Klimaveränderung. Die Hauptsorge der Wissenschaftler gilt den zunehmend trocken-heißen Sommern. Sollte es tatsächlich so kommen, dann zählt jeder Tropfen Niederschlag, der im Erdreich gespeichert ist.

Wir erinnern uns: Durch Befahrung verliert der Boden bis zu 95% (!) seiner Speicherfähigkeit. Der kostbare Winterregen fließt unrettbar in die nächsten Bäche und steht damit den Bäumen im Sommer nicht mehr zur Verfügung. In Hitzeperioden, in denen möglicherweise monatelang keine Wolke am Himmel zu sehen ist (wie im Jahre 2003), rächt sich nun jede Fahrspur. Schnell ist die letzte Feuchtigkeit verbraucht, dürsten Laub- und Nadelhölzer gleichermaßen. Buchen und Co. verfärben bereits im Juli ihre Blätter gelb und werfen den Großteil im August ab. Das ist die letzte Notmaßnahme, um den Wasserverbrauch radikal zu unterbinden. Die meisten Nadelbäume können dies nicht, trocknen noch stärker aus, sodass ihre trocknenden Stämme mehrere Meter lang aufreißen. Borkenkäfer schwärmen zu den wehrlosen Riesen und fressen ihnen bei lebendigem Leib die Haut von den Knochen. Übrig bleibt ein zerfledderter Wald, dessen halb tote Statisten für die nächsten Jahre keine Gewinne mehr versprechen.

Klimawandel heißt nicht, dass es nie mehr kalte Winter geben wird.

Und jetzt auf Douglasie umsatteln? Die Natur zeigt doch gleich nebenan, dass Laubbäume zu empfehlen wären!

Hier hinein dringt kaum ein
Tropfen Wasser.

Diese dicke Streuauflage
unter Fichten wirkt wie ein
imprägnierter, wasserab-
weisender Teppich.

Bäume in allen Größen und jeglichen Alters gemischt: Das sorgt für Windruhe und hält die Feuchtigkeit im Wald.

Ist der Boden dagegen halbwegs intakt, so ist das schon die halbe Miete. Die andere Hälfte bekommen Sie über die richtige Baumartenwahl. Und hier kann ich speziell in heute schon eher trockenen Gebieten nur dringend von Nadelbäumen abraten. Schauen Sie doch einfach bei Ihrem nächsten Waldspaziergang einmal nach, was dort unter den Kronen bei Regen passiert. Es ist nicht all zu viel, oft sogar nichts. Denn ein Großteil der Tropfen bleibt dort hängen, gelangt gar nicht bis zum Boden und verdunstet gleich, sobald die Sonne wieder scheint. Oft müssen mehr als zehn Liter pro Quadratmeter in kürzester Zeit herunterprasseln, damit sich unten etwas zeigt. Und selbst dann gilt es noch, den dicken Nadelteppich zu durchdringen, der sich in Jahrzehnten der Nadelholzwirtschaft aufgebaut hat. Auf ihm perlt der Regen manchmal so ab, als sei er imprägniert. Je nach örtlicher Situation können über 50 % der Niederschläge durch diese Mechanismen verloren gehen – das kann sich angesichts der drohenden Veränderungen niemand mehr leisten.

Eine Buche reckt ihre winterkahlen Äste nach oben und leitet so den Regen an ihrem Stamm hinab zu ihren Wurzeln.

Bei Laubbäumen sieht die Sache schon ganz anders aus. Sie verlieren im Winter ihr Laub. Das klingt banal, ist aber sehr raffiniert. Denn neben der schon besprochenen Sturmsicherung klappen die Bäume so auch noch ihren Regenschirm zu. Die wichtigen Winterniederschläge können dadurch ungefiltert auf den Boden fallen und durch das luftige Laub das Erdreich durchfeuchten. Zudem sammeln manche Arten, wie die Buche, den Regen regelrecht ein. Dazu recken sie ihre Äste in den Himmel, als ob sie um eine milde Gabe flehen würden. An den schräg aufwärts ragenden Kronenteilen rinnt der Regen zum Stamm hin und von dort schnurstracks abwärts zu den Wurzeln. So heftig ist diese Kollekte, dass die Sturzbäche wie Badezusätze aufschäumen.

Nicht zuletzt entscheidet die Betriebsweise, wie gesund Ihre Bäume in die Zukunft blicken können. Bei der Plenterwirtschaft bleibt es meist windstill im Bestand. Kein heißer Sommerwind trocknet den Boden, und die Luftfeuchtigkeit erreicht an manchen Tagen fast tropische Verhältnisse. Diese hohe Sättigung mit Wasserdampf verhindert ein Austrocknen des Erdreichs. Forscher haben herausgefunden, dass für den Wasserhaushalt eines Waldes die schiere Masse organischer Substanz entscheidend ist. Es spielt dabei kaum eine Rolle, ob es sich dabei um totes Holz, Humus oder lebende Stämme handelt. Alle Substanzen speichern Feuchtigkeit und geben sie ab. Das kühlt während Hitzeperioden den Wald herunter und drosselt damit erheblich die Verdunstungsrate.

Gerade ein Plenterwald hat eine gleichbleibend hohe Biomasse, hat reichlich Humusvorräte im Boden und immer genügend alte Bäume auf der Fläche.

Wie grausam ergeht es da doch dem Altersklassenwald! Nach einem Kahlschlag verpuffen Blätter, Nadeln, Blätter, Stümpfe, kurz alles, was

Auf diesem sauber aufgeräumten Kahlschlag hat ein neuer Wald schlechte Karten.

an Fressbarem für das Bodenleben verwertbar ist. Die verbleibende organische Substanz ist in Prozenten kaum noch auszudrücken. Wasserspeicherung? Fehlanzeige! Und selbst wenn dereinst wieder eine neu angepflanzte Plantage das Elend zudeckt, so dürsten die neuen Bäume viele Jahrzehnte, vielleicht sogar zeitlebens.

Klimaanlage Biomasse!

Ganz natürlich – Waldwirtschaft ohne Holzeinschlag

Original und Kopie

Ökologische Wirtschaft heißt, so nahe wie möglich am Original zu bleiben, also dem Urwald aus Laubbäumen (im Alpenraum mit Nadelbäumen gemischt) nachzueifern. Dennoch hat selbst der Plenterwald einen entscheidenden Nachteil, der allen Forsten gemein ist: Es fehlen die Altersphase und das Totholz. Denn Wirtschaften heißt ja, die Früchte der Arbeit, also das Holz, auf dem Höhepunkt seines Wertes zu nutzen. Das Gegenteil von Forstwirtschaft wäre Naturschutz, der völlige Verzicht auf menschliche Aktivitäten. Wie weit selbst bestens gemanagte Parzellen von wilden Wäldern entfernt sind, mögen ein paar Kennziffern verdeutlichen. So werden die meisten Baumarten spätestens mit Erreichen von einem Drittel der natürlichen Lebensspanne gefällt. Buchenstämme müssen mit 160 Jahren gehen (und können 400 Jahre alt werden), bei Eiche lautet das Zahlenpaar 180 / 500 Jahre, bei Fichte 100 / 500 Jahre, bei Douglasie sogar 100 / 1000 Jahre.

Was uns wie mächtige, uralte Exemplare vorkommt, sind in der Realität bestenfalls junge, vitale Bäume. Viele Tier- und Pilzarten haben sich aber auf die zweite Lebenshälfte spezialisiert. So besiedelt ein Mittelspecht Buchenwälder erst ab Alter 200, weil die Rinde ab diesem Zeitpunkt rau genug wird, sodass sich der Vogel daran festhalten kann.

Der Mittelspecht – ein Indikator für intakte Wälder.

Diese weibliche Bechsteinfledermaus weist auf viele Baumhöhlenin der Umgebung hin.

Jenseits der 300 tauchen in den Stämmen vermehrt große Höhlen auf. Sie entstehen aus abgebrochenen Ästen oder alten Spechthöhlen, die durch Pilzbefall immer größer werden. Seltene Käferarten haben hier ihre Kinderstuben, in denen sich Larven jahrelang durch den feuchten Mulm vermodernden Holzes wühlen, um eines Tages als Käfer das Quartier zu verlassen. 300-jährige Bäume? Es gibt in Mitteleuropa keine Wälder mehr, wo flächenhaft solche alten Recken stehen. Und die wenigen Inselchen, wo ein paar Buchen oder Eichen wirklich alt werden durften, reichen als Refugien nicht aus. Kein Wunder, dass Arten wie der Eremit, optisch einem großen Mistkäfer ähnelnd, vom Aussterben bedroht sind. Auch die Bechsteinfledermaus, deren Weibchen gerne in Kolonien ihre Jungen aufziehen, ist auf ein reiches Höhlenangebot angewiesen. Die ganze Sippe zieht aus Hygienegründen alle paar Tage in einen neuen Baum um .

Hier zahlt der Schwarzspecht keine Miete – muss er deswegen raus?

Wirtschaftlich ohne Wert, für Tiere dagegen unschätzbar wertvoll.

Biotopbäume

Eine halb tote Buche: Links wohnen Insekten, rechts der Specht.

Jeder Baum ist ein Biotop für zahlreiche Arten. Und weil das nichts Besonderes ist, sind diese Arten auch kaum gefährdet. Anders sieht dies bei speziellen Strukturen aus: Stämme mit abgebrochenen Kronen etwa sind Glücksfälle für den Artenschutz. Oft blättert ihre Rinde einseitig ab, während auf der anderen Seite noch grüne Äste verzweifelt versuchen, eine Ersatzkrone zu bilden. So entsteht Totholz, welches durch die einseitige Rinde noch weiter mit Feuchtigkeit versorgt wird. Hier leben spezielle Insekten und Pilze, die leider überwiegend auf der Roten Liste der gefährdeten Spezies stehen. Denn im Wirtschaftswald werden gebrochene Bäume rasch genutzt, bevor das Holz verfault. Bäume mit schweren Rindenverletzungen sind Füllhörner für Käfer. Denn der austretende Baumsaft ist ihre Lebensquelle, versorgt sie mit Nahrung und Wasser.

Weitere besondere Biotopbäume sind Exemplare mit Zwieseln, abgebrochenen Starkästen oder abgestorbenen Kronenbereichen. Zumindest einige davon sollten Sie in Ihrem Wald stehen lassen.

Viele Arten durch ein wenig Verzicht

Ich plädiere nun nicht für den Vorrang für Vögel, Fledermäuse und Käfer. Aber kann es nicht einen Kompromiss geben? Könnten Sie sich vorstellen, ein kleines Eckchen mit einigen alten Bäumen der Natur zu überlassen? Fünf bis zehn Prozent, mehr muss es gar nicht sein. Ganz nebenbei erhalten Sie so das fragile Gleichgewicht des Waldes, haben so in den Spechten Mitstreiter, die sich auf Borkenkäfer stürzen und ganz nebenbei einfach für Beobachtungsfreude bei jedem Waldbesuch sorgen.

Ähnlich ist es mit dem Totholz. In einem Urwald können pro Hektar 200 Kubikmeter an liegenden und stehenden abgestorbenen Stämmen zusammen kommen. Dabei gilt der Grundsatz: je dicker, desto wertvoller. Denn im Inneren der Stämme ist es selbst in strengen Wintern frostfrei, und so können empfindliche Organismen die kalte Jahreszeit überstehen. Leider gesteht die moderne Forstwirtschaft der Natur nicht mehr allzu viele solcher Biotope zu. Um in der Öffentlichkeit nicht zu schlecht dazustehen, wird bei der Ermittlung des vorhandenen Totholzes ein wenig getrickst. Baumstümpfe oder dickere Äste rechnen die Aufnahmeteams mit hinzu, und selbst dann reicht es für wenig mehr als 15 Kubikmeter pro Hektar. Mit diesen Resten können Urwaldarten allerdings wenig anfangen. Rechnet man nur richtig dicke abgestorbene Stämme, so ergeben sich weniger als zwei Kubikmeter, also weniger als ein Prozent der im Urwald vorhandenen Masse. Das ist für viele Arten zu wenig, um eine stabile Population aufzubauen. Spechte etwa müssen sehr weit fliegen, um satt zu werden, und solch große Reviere eignen sich nicht für die Aufzucht von Jungtieren.

Wenn Sie dem abhelfen möchten, dann lassen Sie doch einfach ab und an einen schlechten Stamm im Wald. Meist ist die Natur Ihnen sogar bei der Auswahl behilflich, denn immer wieder stirbt einmal ein Baum ab, ohne dass Sie dies bemerken. Bei Ihrem nächsten Waldbesuch ist der Stamm schon von Insekten befallen und damit als Sägeholz meist wertlos. Nun ist der finanzielle Verlust nicht mehr so groß.

Pilze und Insekten schaffen bizarre Gebilde und eine eigene Welt aus totem Holz.

Achtung Lebensgefahr!

Tote Bäume sollten Sie nicht in Ihrer Waldparzelle stehen lassen. Denn im Umkreis von ein- bis zwei Baumlängen um den Stamm können Sie sonst fortan nicht mehr arbeiten. Schon mehrmals ist es zu tödlichen Unfällen unter Waldarbeitern gekommen. Sie fällten gesunde Exemplare, und durch den Aufprall der Bäume auf den Waldboden wurde eine Erschütterung erzeugt, die einen in der Nähe stehenden faulen Gesellen ebenfalls umstürzen ließ. Mit so etwas rechnet niemand, und daher bleibt keine Reaktionszeit zum Ausweichen. Die Länge des toten Baumes ist der Radius, in dem er vom seinem Standpunkt aus gefährlich werden kann. Reißt er im Fallen noch einen anderen Baum mit sich, so vergrößert sich der Gefahrenbereich nochmals.

Die Konsequenz: Fällen Sie tote Bäume, bevor Sie diese der Natur überlassen. Ist der Stamm schon länger tot, faulen die Wurzel bereits, so lassen Sie sich von einem Traktor mit Seilwinde unterstützen. Dieser kann den Baum umziehen.

Ist Ihr Waldbesitz groß genug, können Sie eine ganze Ecke für natürliche Prozesse reservieren und dort nicht mehr wirtschaften. Hier können dann auch tote Bäume stehen bleiben.

Diese abgestorbene Eiche steht in einem Reservat. Im bewirtschafteten Wald wäre das Risiko für Leib und Leben nicht tolerierbar.

Untermieter

Natürliche Laubwälder bieten einer ungeahnten Fülle von Lebewesen eine Heimat – sie sind regelrechte Hotspots der Biodiversität. Ob Schwarzstorch, Mittelspecht, Luchs oder Wildkatze, es sind diese attraktiven Arten, die die Aufmerksamkeit von Naturschutz und Öffentlichkeit auf sich ziehen. Für sie werden Schutzgebiete eingerichtet und Straßenplanungen geändert. Das ist schön und gefährlich zugleich. Denn die eigentliche Vielfalt spielt sich in mikroskopischen Dimensionen ab und entzieht sich unseren Blicken. Veränderungen in der Welt der Insekten, Pilze oder Milben werden kaum registriert. Zudem fehlt den kleinen Kerlchen der Kuschelfaktor, so etwa den Hornmilben: Bis heute kennt man alleine von ihnen über 600 Arten (das sind mehr als alle heimischen Vogelarten zusammen), die im Boden vor sich hin werkeln und Pilzsäfte trinken.

Können Sie sich vorstellen, dass für eine dieser Arten, so sie denn gefährdet wäre, ein Nationalpark eingerichtet würde? Das wird wohl so schnell nicht geschehen, und dennoch sind die Bodenlebewesen für den Wald wichtiger als all

Laub ist nicht gleich Laub. Wird der Wald bewirtschaftet, so verschlechtert sich möglicherweise unmerklich seine Qualität. Nun ist es für Besitzer kleinerer Parzellen natürlich keine Frage – Sie können kaum einen Teil Ihres Bestandes unter Schutz stellen. Zum Einen bliebe von Ihrer Parzelle kaum mehr etwas zum Bewirtschaften übrig, zum anderen sollten selbst kleine Reservate mindestens zehn bis fünfzehn Hektar groß sein, um störende Randeffekte zu vermeiden. So etwas ist ganz klar die Aufgabe des Staates, der mit Hilfe von Nationalparks und Bannwäldern für solche Refugien sorgen muss. Für Sie bleibt als Maßnahme die Unterstützung solcher Pläne in Ihrer Region, verbunden mit einer schonenden Waldwirtschaft auf Ihrem Besitz.

Ein Nashornkäfer. Auch er ist auf Holz angewiesen.

die Vögel oder Säugetiere, die unsere Herzen höher schlagen lassen. Sie sind quasi die Müllabfuhr, sorgen dafür, dass tote Biomasse zerlegt und die Nährstoffe wieder den lebenden Pflanzen zur Verfügung gestellt werden. Was diese Knilche allerdings gar nicht vertragen, ist Druck von oben. Sobald eine Maschine, und sei es noch so ein kleiner Traktor, über den Boden rollt, erstickt die fröhliche Schar im Erdreich. Wie schon in „Durchforstung" beschrieben, gilt es daher, so wenig wie möglich herumzufuhrwerken und konsequent die Rückegassen zu benutzen.

Natura 2000

Mitte der 1990er Jahre beschloss die EU mit dem Programm „Natura 2000", dass zum Schutz der Artenvielfalt die wichtigsten Lebensräume erhalten werden sollten. Die Mitgliedsstaaten verpflichteten sich, entsprechende Gebiete auszuweisen. Flächenmäßig handelt es sich dabei um die größte Maßnahme, die es je gegeben hat, denn mittlerweile sind knapp 20 % der Fläche der EU ausgewiesen. Dabei gibt es zwei Kategorien: die FFH-Gebiete (Flora-Fauna-Habitat) und die Vogelschutzgebiete. Während erstere sich an Lebensraumtypen wie seltenen alten Buchenwäldern, aber auch an einzelnen Arten wie Fledermäusen oder seltenen Pflanzen orientieren, werden Vogelschutzgebiete an das Vorkommen von Schwarzspecht, Schwarz-

storch, Hohltaube & Co. geknüpft. Grundsätzlich gilt in den geschützten Arealen ein Verschlechterungsverbot. Die Lebensbedingungen der fraglichen Arten und Pflanzengesellschaften dürfen sich also nicht zum Negativen verändern. Solange Sie dies beachten, ist eine Nutzung weiterhin möglich. Was bedeutet dies konkret? Vielerorts kann man da nur mit den Schultern zucken, weil es noch keine verbindlichen Managementpläne gibt (und dies fast 20 Jahre nach der Ausweisung!). An einem Beispiel kann ich Ihnen aber dennoch aufzeigen, was auf Sie zukommen kann. Im Umfeld Ihres Waldes gibt es eine Schwarzspechtpopulation. Die Vögel können ihre Höhlen nur in dicke, alte Bäume meißeln. Daher dürfen Sie nicht alle alten Stämme fällen, weil ansonsten der Bestand dieser

Vögel zurückgeht, und dies wäre die besagte Verschlechterung. Viele Förster sind der Meinung, dass sie Höhlenbäume fällen dürften, solange sie noch ein paar davon stehen lassen. Davon kann ich nur abraten, denn so etwas ist unabhängig von Natura 2000 nach dem Naturschutzgesetz verboten. Der EU-Beschluss sieht auch eine Entschädigung für Einschränkungen in der Bewirtschaftung vor, sodass Sie als Waldbesitzer eine jährliche Ausgleichszahlung erhalten müssten. Müssten, weil sich der Staat vielerorts noch vor diesen Ausgaben drückt. Davon abgesehen müssen Sie kaum etwas ändern, wenn Sie Ihren Wald ökologisch bewirtschaften. Denn ein Plenterwald, in dem hier und da einzelne Bäume ungenutzt bleiben, erfüllt die geforderten Kriterien automatisch.

In Bezug auf die Nahrung sind die Milben, Springschwänze oder Borstenwürmer sehr wählerisch. Erstens müssen es heimische Laubbäume sein; die sauren Nadeln von Fichten und Kiefern quittieren sie mit ihrem Ableben. Und selbst wenn es im Herbst Buchen- oder Eichenblätter regnet, heißt das noch lange nicht, dass das Bodenleben zufrieden aufatmet. Denn wie eine Arbeit des Biologiestudenten Rolf Zimmermann enthüllte, verändert sich mit der Bewirtschaftung von Laubwäldern die Zusammensetzung der Blätter. Das C/N-Verhältnis, welches die Kohlenstoff- und Stickstoffanteile beschreibt, rutscht mit Beginn der Durchforstungen in einen fast unverdaulichen Bereich. Ob es das zusätzliche Sonnenlicht ist, welches durch die Lücken der fehlenden Bäume auf den Restbestand trifft oder die stärkere Bodenerwärmung und die damit einhergehende Streuzersetzung: Die Blätter weichen von denen eines Urwaldes ab. Das hat mich betroffen gemacht, wähnte ich doch bis dahin gut bewirtschaftete Plenterwälder fast einem Urwald gleich. Doch auch ich muss ständig dazulernen, und meine Konsequenz aus den Ergebnissen lautet: Es muss Schutzgebiete geben, in denen alte Laubwälder nicht angetastet werden. Wir wissen noch viel zu wenig über den Wald und seine Zusammenhänge, als dass wir einfach alles verändern dürften.

Wer wohnt denn hier?

Schwarzspecht
(Dryocopus martius)

Der Schwarzspecht ist die größte heimische Spechtart und etwa krähengroß. Er zimmert seine Höhlen mit Vorliebe in alte Buchen, allerdings nicht nur in kranke. Ist das gesunde Holz noch zu hart, meißelt er lediglich einen Anfang und lässt diesen über ein paar Monate hinweg anfaulen, bevor er weitermacht. Da der Schwarzspecht gerne wechselt, baut er in verschiedenen Bäumen Schlaf- und Brutquartiere. Dankbare Nachmieter sind Eulen, Fledermäuse, Hohltaube, Schellente oder Bilche.

Beginnt der Schwarzspecht in gesunden Bäumen zu hacken, so lassen viele Förster diese fällen, frei nach dem Motto: „Wer keine Miete zahlt, fliegt raus!". Ganz so eng sollte man es nicht sehen, denn zu einem stehen der Specht und seine Nachmieter unter Schutz, zum anderen sind ihre Rufe das Salz in der Suppe eines Waldspaziergangs.

Der Schwarzspecht baut zahlreiche Höhlen

Hohltaube
(Columba oenas)

Die Hohltaube ist ein sehr scheuer Waldbewohner, den Sie kaum je zu Gesicht bekommen werden. Über ihre leisen Rufe ist sie jedoch gut zu identifizieren: Während die Ringeltaube „huhu-huu" ruft, lässt die Hohltaube nur ein schüchternes „hu-e" ertönen. Auch optisch ist sie etwas schlichter. Ihr Federkleid ähnelt dem der Ringeltaube, jedoch ohne den weißen Halsring.

Da die Hohltaube überwiegend in verlassenen Schwarzspechthöhlen nistet, ist sie ebenso in ihrem Bestand bedroht wie ihr Baumeister. Den Winter verbringt sie in den südlichen europäischen Ländern und taucht erst im März wieder bei uns auf.

Schellente
(Bucephala clangula)

Die Schellente ist ebenfalls eine Nachmieterin des Schwarzspechts (Höhlen anderer Spechtarten haben zu kleine Einfluglöcher). In sicherer Höhe zieht sie hier im Frühjahr ihren Nachwuchs auf, der eines Tages allerdings ein Problem hat: Entenküken folgen ihren Müttern hinaus aufs Wasser, und dazu müssen sie erst einmal aus dem Baum ausziehen. Mit dem typischen Kükenflaum an den Flügeln können sie sich aber nicht in die Luft erheben. Können Sie sich vorstellen, von einem Zehn-Meter-Brett auf den Waldboden zu springen? Die Schellentenmutter lockt ihre Jungen so lange mit speziellen Rufen, bis sie genau dies machen. Die kleinen Federbälle plumpsen herunter und kullern über die Laubstreu, eine Mutprobe, die nur dieses eine Mal im Leben fällig ist.

Nachmieterin Hohltaube

Die Schellente - ein furchtloser Springer

Waldrand: eine überflüssige Kulisse

Irgendwo ist jeder Wald einmal zu Ende, und dort, wo eine Wiese, ein Moor oder ein Fluss ihn begrenzt, ist sein Rand. Das klingt banal? Ich erwähne es nur deshalb, um zu zeigen, dass es natürlicherweise kaum Waldränder gibt. Denken Sie an den Amazonas-Regenwald. Wo sind dort die Ränder? Das bisschen Flussufer ist im Verhältnis zur restlichen, unendlichen Fläche unbedeutend, und genau so war es einst bei uns. Europa war von Urwäldern bedeckt, deren Geschlossenheit nur vom Rhein, seinen Geschwistern und dem Hochgebirge unterbrochen wurde.

Heute ist der Wald völlig zerrissen, wie Ihnen ein Blick ins Internet auf eine Luftbildaufnahme zeigt. Dieser Flickenteppich besteht in vielen Fällen nur noch aus Waldrand (dessen Wirkung rund 50 Meter in einen Bestand hinein geht). Im Vergleich zu den Zeiten ohne menschlichen Einfluss haben diese Ränder sicher um das mehrtausendfache zugenommen.

Und dennoch ist die Waldrandgestaltung ein besonders Steckenpferd der Forstwirtschaft. Hier soll sich die Artenvielfalt abspielen, soll Rücksicht auf die Natur genommen werden. Dazu werden die Holzgewächse fein säuberlich klassifiziert und dann draußen bei den Pflanzen nach strengen Plänen angeordnet. An den eigentlichen Forst schließt sich zunächst ein lockeres Band von Bäumen erster Ordnung an. Das sind unsere klassischen Waldarten, die über 30 Meter hoch werden, aber so weit auseinander stehen, dass noch Licht auf den Boden fällt. Danach kommen Bäume zweiter Ordnung, die nicht über 25 Meter

> Die Natur will einen dichten Laubwald – keine künstlichen Waldränder.

groß werden, wie etwa der Feldahorn oder auch Wildobst. Komplettiert werden die Pflanzungen durch einen Streifen mit Sträuchern, und zum Schluss kommen noch ein paar Meter, die für Kräuter reserviert sind.

Warum werden solche Waldränder überhaupt angelegt? Ausgangspunkt sind monotone Fichtenplantagen, die oft abrupt an einer Wiese enden. Hier ein stockdunkler Forst, in dem sich kein Vögelchen regt, da Gräser und blühende Kräuter mit reicher Tierwelt, dieser Kontrast macht die Verarmung von Nadelwäldern besonders deutlich. Da regt sich das schlechte Gewissen! Ähnlich der Landwirtschaft mit ihren Ackerrandstreifen für Blütenpflanzen möchte man nun wenigstens auf einem 50 Meter breiten Streifen etwas für die belebte Mitwelt tun. Doch ist das wirklich sinnvoll? Bäume zweiter Ordnung, Sträucher, Kräuter, das ist der Lebensraum für Arten der Savannen und Steppen. Oder anders ausgedrückt: Hier kommen Kulturfolger zum Zuge, Vögel, Insekten oder Säugetiere, die im alten Buchenurwald gar nicht existierten. Dazu zählen die meisten Schmetterlinge, aber auch Hasen und Haselhühner. Wie naturfern ein solch künstliches Ökosystem ist, können Sie selber beobachten. Denn Waldränder bestehen nur so lange, wie sie intensiv gepflegt werden. Dabei werden immer wieder Bäume erster Ordnung, also Eichen, Buchen, Ahorne oder Eschen heraus gesägt, wenn sie sich von selber aussäen. Ansonsten würden sie die sorgsam gehegten Setzlinge, den akribisch geplanten Aufbau einfach totwachsen.

Was die Natur hier will, wird dabei sehr deutlich: einen dichten Laubwald! Die Steppenarten, auch wenn es Kulturfolger sind, soll besser die Landwirtschaft schützen. Die Waldarten hingegen, für die Sie als Waldbesitzer die Verantwortung haben, kann man logischerweise nur

So sieht also amtlicher Naturschutz aus?
Eine „Waldrandgestaltung" ganz eigener Art...

im Wald schützen. Ist dieser halbwegs natürlich aufgebaut, gibt es sogar noch ein wenig
Biotop- und Totholz, so haben Sie alles getan,
was moralisch wünschenswert wäre. Womit
wir wieder beim Plenterwald sind. Im Rahmen
seiner Bewirtschaftung ergeben sich ohnehin
immer wieder kleinere Lücken, in denen zumindest zeitweise das Artenspektrum eines Waldrandes auftaucht. Abgesehen davon muss man
sich um solche Tier- und Pflanzengesellschaften nicht die geringsten Sorgen machen, denn
sie kommen immer wieder großflächig zum
Zuge. Es sind die Windwürfe, die regelmäßig
auf tausenden von Quadratkilometern beste
Bedingungen für Offenlandarten und Sträucher
schaffen.

Waldränder werte ich mittlerweile als PR-Gag
oder, schlimmer noch, als versteckte Rohstoff-
beschaffung. Immer häufiger lese ich von Kommunen, die entlang der Straßen diese Kulissen
schaffen. Um die Bestände für eine Randanlage
vorzubereiten, werden sie auf der gewünschten
Breite stark aufgelichtet. Dabei fallen Unmengen von Holz an, denn der größte Teil der Bäume
wird dabei gefällt. Merkwürdigerweise findet sich
meist ein Heizkraftwerk in der Nähe, welches
die geschredderten Stämme gerne abnimmt. Ein
Schelm, wer Böses dabei denkt.

Solange Windwürfe Platz für Offenlandarten schaffen, brauchen wir uns
um diese keine Sorgen zu machen.

Forstwirtschaft = Holzwirtschaft?

Wenn ich mich mit anderen Förstern unterhalte, so möchten sie meist gerne wissen, warum der von mir geleitete Gemeindewald auch finanziell so erfolgreich ist. Die Waldbestände sind höchstens durchschnittlich, von den alten Buchenwäldern einmal abgesehen, daran kann es also nicht liegen. Der Schlüssel, finanziell in eine andere Liga aufzusteigen, sind die sogenannten Nebengeschäftsfelder. Die Bezeichnung verrät schon, wo ihr forstlicher Stellenwert liegt: in der allerletzten Ecke. Doch in einer hoch entwickelten Industrieregion wie Mitteleuropa, welche dichter als China besiedelt ist, kann die reine Rohstofferzeugung (und nichts anderes ist Waldholz) auf Dauer nicht funktionieren. Der Steinkohlebergbau hat es vorgemacht, wohin Scheuklappendenken führt – ins Abseits. Doch für Förster und durch sie beratene Waldbesitzer gibt es vielfach immer noch nichts anderes. Dabei braucht man nur offene Augen und ein offenes Gehör zu haben. Die Bevölkerung, vielfach sehr naturverbunden, möchte gerne mehr im Wald machen, und das auch gegen Bezahlung.

Verzichten Sie als Besitzer in Teilbereichen auf den kommerziellen Holzeinschlag, so ist dies bloß das Zurückstellen einer von vielen verschiedenen Nutzungsarten. In meinem Revier wurden schon 15 % der Wälder stillgelegt; dort schweigen die Motorsägen für immer. Und trotzdem sprudeln dort die Einnahmen heftiger denn je. Zauberei? Mitnichten, lediglich ein Umdenken, ein Öffnen hin zu den Bedürfnissen der Gesellschaft, weg von der Holzerzeugung und hin zu Dienstleistungen. Sinnbildlich gesprochen stellen Sie sich jetzt breiter auf, anstatt lediglich auf Ihr Holzbein zu vertrauen. Große Sturmwürfe bleiben dann zwar ärgerlich, bedeuten aber keine betriebliche Katastrophe, da der Holzverkauf nur eines von mehreren Geschäftsfeldern ist, welches nun für ein paar Jahre in den Hintergrund rückt.

Das soll alles sein, was ein Wald produziert?

Kleine Tafeln an den alten Bäumen ersetzen den Grabstein.

Unter allen Wipfeln ist Ruh'

Die Bestattungskultur ist einem rasanten Wandel unterworfen. Weil kaum noch mehrere Generationen einer Familie am gleichen Ort wohnen, wird die Grabpflege zu einer lästigen Pflicht, die oft auf Friedhofsgärtnereien übertragen wird. Gleiches gilt für große Gräber. Muss es eine teure Erdbestattung sein, oder tut es auch ein kleineres, preiswertes Urnengrab? Und überhaupt: Warum auf den Friedhof? Neben dem Meer und dem anonymen Streufeld ist seit der Jahrtausendwende auch die Bestattung im Wald möglich. Um den Boden nicht zu sehr zu verändern, sind es hier Urnen, die zu Füßen alter Bäume beigesetzt werden. Buchen und Eichen werden als lebende Grabsteine verkauft, und genau hier liegt eine Verdienstmöglichkeit für Sie als Waldbesitzer.

Um jeden Stamm werden je nach Konzept bis zu 12 Gräber eingemessen, die dann einzeln oder im Paket verkauft werden. Die Laufzeit beträgt in den meisten Einrichtungen 99 Jahre, sodass eine Familie oder ein Freundeskreis, der gleich einen kompletten Baum mit allen Gräbern erwirbt, diesen über mehrere Generationen nutzen kann. Zwischen 2 900 € und 10 000 € kann ein Baum einbringen, doch was sich wie schnell verdientes Geld anhört, ist harte Arbeit.
Zunächst stellt sich die Frage, ob sich Ihr Gelände überhaupt eignet. Gefragt sind Laubbäume, je älter, desto besser. Denn sie sind stabil, robust und haben beste Chancen, die vereinbarte Laufzeit heil zu überstehen. Hinzu kommt das ökologische Argument: Mit der Ausweisung als Friedhof soll auch die Natur ihren

Nutzen haben, kann sich der Wald weitestgehend ungestört entwickeln. Prinzipiell handelt es sich bei Bestattungswäldern um privat finanzierte Naturschutzgebiete. So sollte es zumindest sein. In etlichen Wäldern wird leider immer noch Holz gewonnen, wird gefällt und gestaltet, sodass sich bestenfalls ein Park ergibt. Dabei fragen immer mehr Kunden sehr kritisch nach, was denn um ihren teuer bezahlten Baum herum passiert, und erste Gerichtsprozesse zeigen, dass die Menschen eine Holznutzung neben ihren Gräbern nicht tolerieren. Zudem gibt es mittlerweile Hunderte Konkurrenzstandorte, und wenn Sie nach reiflicher Überlegung in diesen Markt einsteigen möchten, so macht dies nur Sinn, wenn sich Ihr Wald qualitativ besonders hervortut. Falls alte Laubbäume reichlich vorhanden sind, schauen Sie nach

Eine kleine Andachtsstelle: Hier (und nur hier) dürfen Blumen abgelegt werden.

Die Anlage der Infrastruktur, wie hier ein Waldparkplatz, muss berücksichtigt werden.

der Infrastruktur. Ist Ihr Wald gut mit dem Pkw zu erreichen, lässt sich ohne größeren Aufwand ein Parkplatz anlegen? Wie sieht es mit Verkehrs- und Siedlungsgeräuschen aus? Bei Namen wie „Ruheforst" oder „Friedwald" mag niemand neben einer Autobahn beigesetzt werden!

Passt soweit alles, dann sollten Sie die örtliche Stadt oder Gemeinde mit ins Boot holen und dort anfragen, ob Interesse an einer Kooperation besteht. Bestattungsrecht ist Hoheitsrecht, und da können Sie als Privatperson alleine nichts machen. Falls die Behörden mitmachen möchten, dann muss der Kuchen geteilt werden, sprich, über Anteile an den Einnahmen verhandelt werden.

Der nächste Schritt ist das Genehmigungsverfahren, welches sich ein bis zwei Jahre hinzieht und alle Bedenken auf den Tisch bringt.

Haben Sie diese Hürden geschafft, so kann es an den Betrieb gehen. Die Bäume werden von einem Ingenieursbüro mit Spezialgerät wie Grenzsteine auf den Zentimeter genau eingemessen (GPS wäre zu ungenau) und jeweils mit einem Nummernplättchen versehen. Das Büro erstellt Lagepläne, Sie selber legen die Preise fest. Dazu schauen Sie im Internet einfach bei der Konkurrenz, was die verschiedenen Baumgrößen kosten dürfen. Ist der Parkplatz beschildert, die Wege intakt (und auch für Rollstuhlfahrer geeignet), dann steht dem ersten Verkauf nichts mehr im Wege.

Das hört sich bis hierher schon kompliziert an? Dabei geht es jetzt erst richtig los! Denn mal

eben nebenbei lässt sich dieses Geschäft nicht erledigen. Die Kunden erwarten, dass von Montag bis Samstag mindestens zu den normalen Geschäftszeiten ein Büro telefonisch erreichbar ist, und weiter, dass kurzfristig (von heute auf morgen) jemand mit ihnen durch den Wald streift und die freien Bäume zeigt. Parallel dazu müssen Gräber ausgehoben und Wege instand gesetzt werden, muss Müll beseitigt, müssen Schilder montiert und Bänke gestrichen werden. Summa summarum kommen Sie auf drei Mitarbeiter, die Sie eigentlich einstellen müssten. Gewiss, es geht auch mit weniger Aufwand, aber dann gehen die Menschen eben einfach in den Nachbarwald, wo ihnen sofort weitergeholfen wird.

Falls Sie allmählich das Gefühl haben, dass ich Ihnen von der Einrichtung eines Bestattungswaldes abraten möchte, so täuschen Sie sich nicht. Denn die finanziellen Risiken sind auf dem mittlerweile

hart umkämpften Markt gewaltig. Mit den Verträgen legen Sie nicht nur sich, sondern auch Ihre Erben für fast ein Jahrhundert fest, und die Kosten für solch einen Ruheforst können rasch die 200 000 € übersteigen – pro Jahr! Daran ändert übrigens auch eine Verpachtung an einen der beiden großen Marktführer (Ruheforst oder Friedwald) wenig, denn dort werden in der Regel lediglich die Vermarktung, weniger aber die Kosten vor Ort übernommen. Kommen Sie im Laufe der Jahre auf weniger als 5 000 – 10 000 Beisetzungen, so rutscht Ihr Forstbetrieb langfristig in die roten Zahlen.

Wenn Ihnen solche Überlegungen jetzt doch zu heiß geworden sind, dann hätte ich da noch andere Alternativen.

Baumsteiger entfernen gefährliche abgestorbene Äste.

Eine Tafel mit Informationen für Besucher.

Auch im Winter muss ein
Betrieb möglich sein.

Im RuheForst Hümmel werden nur Urnen
aus unbehandeltem Buchenholz verwendet

Führung durch den
RuheForst Hümmel.

Wilde Buche

In meinem Revier gibt es noch rund 60 Hektar alte Buchenbestände, die nicht in Form eines Ruheforstes oder anderer Projekte geschützt sind. Die Bäume sind mittlerweile fast 200 Jahre alt und sollten eigentlich längst gefällt sein. Wer uns das vorschreibt? Für kommunale, aber auch sehr große private Wälder müssen sogenannte Forsteinrichtungswerke angefertigt werden. Das sind Inventuren, bei denen der gesamte Wald akribisch gemessen, im Wert geschätzt und anschließend in Maßnahmen für die kommenden 10 Jahre eingeteilt wird. Die alten Laubwälder in Hümmel hätten demnach schon vor Jahrzehnten beseitigt werden sollen, denn Buche fängt meist ab Alter 160 an, einen Rotkern und später eine Fäule auszubilden, und dann sinkt der Preis für das Holz gewaltig.

Mir hat das immer leidgetan, und deshalb habe ich im Einvernehmen mit der Gemeinde die Bäume einfach stehen gelassen. Zwar gab es gelegentliche Ermahnungen seitens des Forstamtes, nun endlich zur Tat zu schreiten, aber das haben wir ignoriert. Denn da gibt es ja auch noch die Moral. Ursprünglich haben Buchenurwälder rund 80 % der Landfläche Mitteleuropas bedeckt. Bis heute ist aber die Fläche mit Altbuchen, die älter als 160 Jahre sind (Höchstalter ist ja 400), auf ein Promille gefallen. Ein Promille!

Da wollte ich nicht mitmachen, andererseits geht es ja „nur" um die Holznutzung. Per Zufall kam ein Kontakt zu der Bonner Firma ForestFinance zustande, die ökologische Waldwirtschaft in den Tropen betreibt. Warum sollte man nicht gemeinsam etwas zum Schutz unserer heimischen „Regenwälder" machen? Aus dieser Kooperation entstand das Projekt „Wilde Buche". Dabei

Der Wald als CO_2-Staubsauger.
Reservat „Wilde Buche".

können Firmen, aber auch Privatleute die Buchenwälder in Hümmel für 50 Jahre pachten. Ziel der Verträge ist die komplette Unterschutzstellung, ein privat finanziertes Urwaldreservat. Firmen wie Edding oder Zweckform haben sich schon engagiert, und der Ausblick in die Zukunft ist hoffnungsvoll. Die Erlöse kompensieren den Holzwert, sodass die Gemeinde die Stämme verkauft hat, die nun stehen bleiben können. Zudem hat sich jede Diskussion mit den staatlichen Aufsichtsbehörden über eine Abholzung erledigt.

Die Wilde Buche ist nur ein Beispiel von vielen, wie Sie mit Bäumen Geld verdienen können, indem Sie sie schützen. So gibt es andernorts bereits erste Versuche, einzelne Exemplare mit einer Patenschaftsurkunde zu vermarkten. Möglich ist auch die Einbuchung in ein sogenanntes Ökokonto. Dabei wird behördlich der ökologische Wert einer Stilllegung, eines Nutzungsverzichts, ermittelt und in eine Datei eingetragen. Sobald für eine Baumaßnahme in der freien Landschaft ein Ausgleich geschaffen werden muss, kann der Bauträger stattdessen Ihre Punkte kaufen, nach dem Motto: Industrieanlage gegen Urwald. Auskunft geben die Kreisverwaltungen und Landratsämter.

Wichtig ist in diesem Zusammenhang eine ehrliche Grundhaltung, und die möchte ich noch einmal am Beispiel der Wilden Buche erläutern. Wir haben hier in Hümmel die Buchen verschont, noch bevor uns eine Alternativnutzung eingefallen ist. Dadurch haben sich die Waldbestände schon heute einem Urwald angenähert, haben Holzmassen angesammelt, die mit 600 bis 700 Kubikmetern pro Hektar schon fast natürlich sind. Das hohe Alter der Bäume ermöglicht seltenen Arten wie dem Mittelspecht, sich mit etlichen Brutpaaren anzusiedeln. Begleitet wird dieser Prozess durch Forscher der Universität Aachen, die uns quasi ein wenig auf die Finger schauen. Erst jetzt ist das Ganze seriös genug für eine Vermarktung. Wäre das Gesamtkonzept nicht stimmig,

Alte Buchenbestände sind unsere „Regenwälder" – nur sehr viel seltener.

Preisverleihung für das Projekt „Wilde Buche" im Rahmen des Wettbewerbs „365 Orte im Land der Ideen); hier Mira Nürnberg von Forest Finance.

wären wir ein Kahlschlagsbetrieb, der nur eine Ecke für das ökologische Gewissen verschonte, so hätten wir für unser Unterfangen keine Partner gewinnen können. Ich habe immer wieder von Waldbesitzern gehört, die auch gerne auf diesen Zug aufspringen möchten, vorher aber alle wertvollen dicken Bäume geerntet haben. Der krüppelige, holzwirtschaftlich wertlose Rest soll dann vergoldet werden. So funktionieren diese Modelle aber nicht, denn sie setzen im hohen Maß auf das Vertrauen der Geschäftspartner, dass das eingesetzte Geld auch wirklich der Natur zugute kommt.

Ich möchte Sie daher ausdrücklich ermuntern, konsequent naturgemäß zu wirtschaften und dabei auch einmal eine Ecke ganz sich selbst zu überlassen. Über kurz oder lang zahlt sich das aus, und ganz nebenbei geht es bei der Waldbewirtschaftung ja auch um die Verantwortung für folgende Generationen. Nachhaltigkeit bezieht sich nicht nur auf die Holzmenge, sondern auf das Funktionieren des gesamten Ökosystems, und dazu brauchen wir unabdingbar alte, ungestörte Wälder.

Wir haben es im Kapitel „Das Klima" schon besprochen: Wälder sind keine Kreisläufe von Werden und Vergehen, sondern reichern im Gegenteil fortwährend CO2 in Form von Humus und anderer Biomasse an. Und das macht sie gerade jetzt sehr interessant.

Die Menschheit scheint den Ausstoß von Treibhausgasen nicht in den Griff zu bekommen, denn statt zurückzugehen oder wenigstens zu stagnieren, steigt der Energieverbrauch Jahr für Jahr weiter an. Schon werden technische Lösungen vorgeschlagen, so etwa das Verpressen von CO_2 in leere, einstige Erdgasvorkommen unter der Erde oder in der Tiefsee. Abgesehen davon, dass dies seinerseits nur mit hohem Energieaufwand geht, gefährden solche Eingriffe die Natur. Immerhin ist CO_2 ein tödliches Gas, welches in Kombination mit Wasser die nicht minder gefährliche Kohlensäure ergibt. Aber warum

CO_2 einlagern können
„Junge" besser!

müssen es aufwendige technische Lösungen sein? Die Natur bietet doch einen Weg an, der sich seit Jahrmillionen bestens bewährt hat. Sie wandelt einfach Treibhausgase wieder in das um, was wir Menschen aus dem Boden geholt haben: komprimierte Bioenergie, und zwar mit Hilfe von Bäumen. Nach den Untersuchungen der an der Studie „Carboeurope" beteiligten Wissenschaftler lagert ein Wald etwa 50 % der gebildeten Substanzen dauerhaft ein. Nur die andere Hälfte wird von Pilzen und Bakterien wieder zersetzt. Doch dies gilt nur für alte Wälder. In unseren Breiten gibt es ja keine Urwälder mehr, sondern nur Forste. Hier stehen naturgemäß überwiegend junge Bäume. Und bis diese alt werden, gar zerfallen, vergehen Jahrhunderte, falls wir sie nicht

Warum nicht irgendwann den Wald als Kohlenstoffspeicher vermarkten und ansonsten die Füße hochlegen?

vorher nutzen und verbrennen (oder falls es sich nicht um instabile Nadelwälder handelt, die einfach umkippen).

Unsere jungen Wälder können also in den nächsten 100 Jahren jährlich teilweise bis zum Doppelten der Kohlenstoffmenge eines Urwalds speichern. Damit wir uns nicht falsch verstehen: Alte Wälder sind auch hier viel wertvoller, weil sie im Gegensatz zu jungen schon einen vollen Kohlenstoffspeicher haben, der nun etwas langsamer anwächst. Nur der jährliche Zuwachs kann in unseren Forsten höher sein, weil bei jungen Bäumen kaum Biomasse wieder zersetzt wird. Zum Vergleich: Ein Buchenurwald hat pro Hektar etwa 1 000 Tonnen Kohlendioxid eingelagert, hinzu kommen pro Jahr etwa 10 Tonnen durch neues Holz und Blätter. Ein junger Laubwald, unter Schutz gestellt, beinhaltet pro Hektar vielleicht nur 300 Tonnen CO_2, gewinnt aber jährlich 20 Tonnen hinzu. Erst wenn er sich altersmäßig

dem Urwald annähert, flacht die Einlagerungskurve ab. Bei Nadelwäldern ist die Rate geringer, weil ein Teil von ihnen im Laufe der Zeit umfällt und die Biomasse dann wieder zersetzt (oder vorher genutzt) wird. Der Durchschnittswert über alle Bestände liegt ungefähr bei 15 Tonnen Einlagerung jährlich.

Auch wenn wir aus verschiedensten Gründen nicht all unsere Wälder aus der Nutzung nehmen können, so möchte ich doch einmal vorrechnen, welche Leistung für das Klima möglich wäre. Allein die bundesdeutsche Waldfläche mit über 100 000 Quadratkilometern könnte demnach 150 Millionen Tonnen CO_2 einlagern, wenn wir sie nicht mehr nutzen würden. Bei einem bundesdeutschen Gesamtausstoß von rund 800 Millionen Tonnen währen dies immerhin knapp 20 %, die wieder der Atmosphäre entzogen würden. Mittlerweile ist diese Speicherwirkung jedoch nahezu erloschen, weil fast alles verfügbare Holz genutzt und über kurz (Brennholz) oder lang (Bau- und Nutzholz, später Altholz) verbrannt wird. Nun haben Sie auch gleich schon meine geschätzte Gesamtbilanz der deutschen Forstwirtschaft für unser Klima: 150 Millionen Tonnen CO_2 steigen jährlich in die Luft, weil Holz genutzt wird. Trotzdem verwende ich es weiter, denn nach wie vor ist es ein wundervoller, natürlicher Rohstoff, der zudem ständig nachwächst. Nur für das Klima ist es eben keine Wohltat, Bäume zu fällen, genau so wenig übrigens wie Nahrung zu produzieren oder Auto zu fahren.

Wenn Sie dagegen etwas gegen den Treibhauseffekt unternehmen möchten, dann können Sie Ihren Wald ganz oder teilweise der Natur überlassen. Werte produziert er dann immer noch, und dass Sie nicht direkt davon profitieren, liegt daran, dass der Staat einfach diesen Mehrwert kassiert.

Die Industrie muss seit 2005 in Europa Zertifikate in form von Verschmutzungsrechten erwerben, um die Genehmigung zum Ausstoß von CO_2 zu erhalten. Die Menge dieser Berechtigungen soll schrittweise verringert werden, sodass die Gesamtmenge an Schadgasen langsam sinkt. Durch die Verknappung steigt dann der Preis pro Zertifikat, was den Anreiz für Firmen erhöht,

in Energiesparmaßnahmen zu investieren. Besonders erfolgreiche Unternehmen können dann ihre überflüssigen Verschmutzungsrechte weiterverkaufen und werden so gleich doppelt belohnt.

Leider hat das bisher nicht gut funktioniert, denn unter dem Einfluss der Industrielobby hat die Politik viel zu viele Zertifikate ausgegeben. Der Preis pro Tonne CO_2-Ausstoßrecht sank dadurch von 30 € auf 7 € Ende 2012. Das kann sich aber mit der weiteren Verknappung (die EU will bis 2020 massiv Zertifikate aus dem Markt nehmen) wieder umkehren.

Ich finde es auch für Sie als Waldbesitzer wichtig, darüber Bescheid zu wissen, denn allein die Speicherwirkung für Treibhausgase kann in Zukunft eine wertvolle Einnahmequelle werden. Bei 15 Tonnen CO_2, die jährlich pro Hektar in Form von Holz, Blättern und Humus gespeichert werden, sind das je nach Marktwert zwischen 100 und 450 € pro Hektar. Damit würden Sie fast jeden öffentlichen Forstbetrieb im Ertrag toppen, egal wie viel Holz dieser einschlägt. Und in Zukunft wird der Wert, so das System ernsthaft weiter verfolgt wird, noch steigen. Solange der Staat allerdings einfach diese Leistung kassiert, haben Sie nichts davon. Aber das kann sich ändern! Waldbauvereine und Waldbesitzerverbände sollten sich verstärkt diesem Thema zuwenden, schließlich vertreten sie auch Ihre Interessen. Und nicht zuletzt gibt es noch die Möglichkeit, direkt mit Firmen oder Privatpersonen in Kontakt zu treten, um Ihren persönlichen Beitrag zur CO_2-Speicherung zu verkaufen. Zumindest bei mir gibt es schon erste Anfragen.

Im Schnitt 15 Tonnen CO_2-Einlagerung pro Jahr!

Säugetiere im Wald

Reh *(Capreolus capreolus)*

Der Rothirsch ist eigentlich gar kein Waldbewohner, sondern lebt in der Steppe. In Mitteleuropa hält er sich im Gebirge an oder oberhalb der Baumgrenze auf, im Winter zieht er in die Flußauen. Der Mensch hat ihn heute in die Wälder gedrängt, wo er sich seine eigene Steppe schafft, indem er den Baumnachwuchs beseitigt und durch Rindenfraß selbst an mehreren Jahrzehnten alten Exemplaren ganze Bestände vernichtet.

Rothirsch *(Cervus elaphus)*

Das Reh ist ein Einzelgänger und hält sich mit Vorliebe an Waldrändern auf. Hier nascht es von Kräutern, Knospen und frischen Trieben. Die Forstwirtschaft mit ihren Kahlschlägen und Sturmwurfflächen kommt ihm sehr entgegen, da so auch mitten im Wald viele randartige Strukturen entstehen. An einem einzigen Wintertag kann das Reh mehrere tausend Laubbaumknospen fressen.

Wolf *(Canis lupus)*

Die Rückkehr des Wolfs bedeutet für die Bäume ein Segen, wie schon ein altes Sprichwort sagt: „Wo der Wolf geht, wächst der Wald". Überbestände an Rehen und Hirschen vermag er zwar nicht vollständig zu regulieren, sorgt aber durch seine Anwesenheit für ein Ausweichen der Pflanzenfresser aus dem Wald in die Randbereiche. Der Jungwuchs von Laubbäumen bekommt so seine Chance, ungestört aufzuwachsen. Klar ist, dass dieser Konkurrent Jägern nicht gefällt und daher regelmäßig und illegal geschossen wird.

Rotfuchs *(Vulpes vulpes)*

Der Rotfuchs wird immer noch jagdlich stark verfolgt, weil er angeblich für den Rückgang von Hasen und Rebhühnern verantwortlich ist. Dabei frisst er überwiegend Mäuse, teilweise sogar Regenwürmer. Gerade auf Windwurfflächen, wo Mäuse den Baumnachwuchs massiv befressen können, ist jeder Fuchs ein Segen.

Große Pflanzenfresser

Hundeartige Raubtiere

Reh   Rothirsch   Wolf   Rotfuchs

Eichhörnchen *(Sciurus vulgaris)*

Das Eichhörnchen ist nicht immer so niedlich, wie es oft erscheint: Gnadenlos plündert es Vogelnester auf der Suche nach Eiern und Jungtieren. Für Waldbesitzer ist es aber ein unermüdlicher Helfer. Es legt im Herbst viele Depots aus Eicheln und Bucheckern an, aus denen im Frühjahr junge Bäume sprießen. So gelangen auch schwere Baumsamen in angrenzende Fichten- oder Kiefernbestände und helfen, diese wieder kostengünstig in Laubwälder umzuwandeln.

Baummarder *(Martes martes)*

Der Baummarder ist ein heimlicher Waldbewohner, denn er geht erst nachts auf Beutezug. Dabei jagt er Mäuse, was gerade auf Kahlflächen positiv für den Waldbesitzer ist (siehe „Rotfuchs"). Allerdings frisst er auch Vogeljunge und Eichhörnchen – es gibt eben kein „gut" und „böse" im Tierreich, das sich nicht einfach vor den menschlichen Karren spannen lässt.

Mufflon *(Ovis orientalis musimon)*

Das Mufflon ist wahrscheinlich ein verwildertes Hausschaf, das, wie schon der lateinische Name verrät, vor vielen Jahrhunderten aus asiatischen Gebirgen eingeführt wurde. Die gedrehten mächtigen Hörner der Widder lassen Jägerherzen höher schlagen, und so wurde das Tier kurzerhand zu Wild erklärt. Das ist leider bis heute so. Leidtragender ist der Wald, denn dieses Schaf frisst Knospen und Rinde für sein Leben gern.

Waschbär *(Procyon lotor)*

Der nordamerikanische Waschbär ist nicht nur aus Gehegen entwichen, wie vielfach nachzulesen ist, sondern wurde um 1940 auch von Förstern ausgesetzt. Möglicherweise geschah dies, um die Vielfalt der jagdlichen Beute zu erhöhen. Der Waschbär hat sich aber nicht gleichmäßig ausgebreitet, sondern konnte offenbar in Hessen und Brandenburg besonders gute Bedingungen finden.

Kleine Raubtiere

Neubürger

Eichhörnchern   Baummarder   Mufflon   Waschbär

Touristen – Kunden oder Störer?

Haben Sie auch schon bemerkt, dass aktuell ein Premiumwanderweg nach dem anderen ausgewiesen wird und so genannte „Steige", schmale Pfade mit besonderem Erlebniswert, wie Pilze aus dem Boden schießen? Ich persönlich finde das gar nicht gut, zumindest nicht in der Form, die momentan allerorten praktiziert wird. Zwar werden Sie als Waldbesitzer gefragt (mit mehr oder weniger sanftem Nachdruck), doch den Pfad über Ihre Parzelle legen zu lassen, und oft wird zugesichert, die Kosten der Verkehrssicherung zu übernehmen, doch das war's dann in aller Regel schon. Die Touristen kommen gerne, möchten sie doch die Stille und die Romantik der Wälder, Ihres Walds, genießen. Ihr Geld aber lassen sie im nächsten Wirtshaus, und Sie als Waldbesitzer, der doch die Hauptattraktion stellt, schauen in die Röhre. Ganz im Gegenteil müssen Sie die Negativseiten des Besucherstroms, etwa Müllablagerungen oder illegale Feuerstellen, in Kauf nehmen. Dabei ist das freie Betretungsrecht des Waldes schon weitgehend genug. Durch die so genannte Sozialbindung des Eigentums, gesetzlich fixiert, steht Ihre Parzelle jedermann offen. Und nicht nur das. Blumen pflücken, Pilze sammeln, all dies müssen Sie klaglos hinnehmen. Grundsätzlich finde ich das auch in Ordnung, denn in einer so dicht bevölkerten Region wie Mitteleuropa sollten Wanderer wenigstens einen Hauch von Freiheit und Abenteuer genießen dürfen. Die meisten von ihnen bleiben ohnehin auf den Wegen und verhalten sich einwandfrei. Werden nun aber durch Erschließungsmaßnahmen wie Wanderwege gezielt mehr Personen durch Ihren Wald gelenkt, so hat das mit dem ursprünglichen Betretungsrecht nicht mehr viel zu tun. Es geht dabei um wirtschaftliche Maßnahmen, um die Erhöhung der Übernachtungen und des Umsatzes von Gewerbe und Einzelhandel – und Ihre Bäume sind eine willkommene Gratiskulisse. Ich rate daher von der Zustimmung ab!

Wenn Sie Gäste auf Ihrem Grundstück willkommen heißen, dann doch entweder, weil es Freunde sind, oder weil sie gegen Zahlung eines Beitrags ein Angebot wahrnehmen. Zahlungswillige Kundschaft gibt es mehr, als vermutet wird. Als Waldbesitzer haben Sie nämlich weitergehende Rechte, die Otto Normalverbraucher so nicht hat. Da wäre zum Beispiel das **Feuermachen**. Wie schön und rustikal ist es, auf einer Rückegasse über den Flammen Würstchen am Stock zu Grillen oder auf einem Schwedenfeuer eine Gulaschsuppe zu erwärmen?

Wenn Sie das Ganze mit einer schönen **Waldführung** verbinden, haben Sie schon ein Tagesprogramm für Wandergäste. Falls diese übernachten möchten und Sie Fremdenzimmer haben, ist der Service komplett und die Einnahmen bleiben bei Ihnen. Ich habe so etwas ein paar Jahre lang unter dem Motto „Geheimnis Wald" veranstaltet. Die Nachfrage war stets gut.

Eine andere Möglichkeit ist ein **Überlebenstraining**. Seit der verrückte Konditor Rüdiger Nehberg in den 1980er Jahren mit Büchern auf seine exotischen Survival-Erfahrungen aufmerksam machte, ist das Essen von Insekten salonfähig geworden. Doch warum immer in die Ferne schweifen? So dachte ich mir schon 1998. Seither veranstalte ich mit abenteuerlustigen Touristen dreitägige Seminare im Hümmeler Wald. Mitgenommen werden nur Schlafsack, Tasse und Messer, ich selbst bringe für alle noch Töpfe, Pfannen, Kannen und ein wenig Öl, Mehl und Salz mit. Nach dem Anmarsch zum Lagerplatz werden ein paar Fichten gefällt und aus den Ästen Betten gebaut, auf denen man erstaunlich gut liegt.

Ein Event mit einem professionellen Veranstalter (hier eine Seilbrückenquerung) macht in einem Ökowald doppelt Spaß.